264种 超人气 轻松做 面点

花样面点　轻松上手

陈志田◎主编

四川美术出版社

图书在版编目（CIP）数据

264种超人气面点轻松做 / 陈志田主编. -- 成都：
四川美术出版社，2023.12
　　ISBN 978-7-5740-0783-3

　　I. ①2… II. ①陈… III. ①面食—制作 IV.
① TS972.116

中国国家版本馆 CIP 数据核字（2023）第 228510 号

264 种超人气面点轻松做

264 ZHONG CHAO RENQI MIANDIAN QINGSONG ZUO

陈志田　主编

企业官方微店 　企业官方微信公众号

责任编辑：秦朝霞
责任校对：田倩宇
排版设计：康　楠

出版发行：四川美术出版社有限公司
地　　址：成都市锦江区工业园区三色路 238 号
邮政编码：610023
印　　刷：唐山玺鸣印务有限公司
成品尺寸：170mm×240mm　1/16
印　　张：12
字　　数：220 千字
图 幅 数：1134 幅
版　　次：2024 年 3 月第 1 版
印　　次：2024 年 3 月第 1 次印刷
书　　号：ISBN 978-7-5740-0783-3
定　　价：49.80 元

目 录
CONTENTS

Part 1 新手学做面点第一步
——会用工具、认得材料

会用工具

擀面杖·····················002

刮板·······················002

秤·························002

温度计·····················002

量匙·······················002

计时器·····················002

量杯·······················002

面粉筛·····················003

分蛋器·····················003

打蛋器·····················003

搅拌器·····················003

搅面棍·····················003

刮刀·······················003

削面刀·····················003

奶油抹刀···················004

齿形面包刀·················004

轮刀·······················004

雕刻刀·····················004

蛋糕脱模刀·················004

蒸笼·······················004

烤箱·······················004

烘焙油纸···················005

保鲜膜·······005

锡纸·······005

硅胶垫·······005

蛋糕转盘·······005

糕壳·······005

方形烤盘·······005

比萨盘·······006

日式戚风模具·······006

松饼模具·······006

玛德琳模具·······006

磅蛋糕模具·······006

曲奇模具·······006

甜甜圈印模·······006

花形蛋糕模·······007

舒芙蕾杯·······007

羊毛刷·······007

果挖·······007

菊花挞模·······007

硅胶模·······007

布丁模·······007

苏打粉·······008

泡打粉·······009

酵母·······009

奶粉·······009

肉桂粉·······009

绿茶粉·······009

蜂蜜·······009

芝麻·······009

大米·······010

小米·······010

薏米·······010

黑米·······010

荞麦·······010

燕麦·······010

大麦·······010

红豆·······011

黄豆·······011

黑豆·······011

绿豆·······011

白果·······011

桂圆·······011

核桃·······011

花生·······012

板栗·······012

莲子·······012

松子·······012

枸杞子·······012

杏仁·······012

腰果·······012

认得材料

高筋面粉·······008

中筋面粉·······008

低筋面粉·······008

澄粉·······008

糯米粉·······008

玉米粉·······008

红枣·······························013

葡萄干··························013

鸡蛋·······························013

黄油·······························013

奶油·······························013

细砂糖··························013

粗砂糖··························013

糖粉·······························014

红色糖··························014

麦芽糖··························014

白巧克力······················014

黑巧克力······················014

果酱·······························014

花生酱··························014

Part.2 新手学做面点第二步
——和面、制馅、成形

和面

冷水面团······················016

烫面团··························016

温水面团······················017

全烫面团······················017

干酵母发酵面团············018

面肥发酵面团·················018

鸡蛋面团······················019

蛋泡面团······················019

蔬菜面团······················020

南瓜面团······················020

澄粉面团······················021

汤圆和面······················021

素菜馅

白菜香菇馅···················022

菠菜冬笋馅···················022

芝麻香芋馅···················023

马蹄胡萝卜馅················023

肉馅

猪肉芹菜馅···················024

香菇鸡肉馅···················024

鸭肉冬笋馅···················025

腊肉芝麻馅···················025

黑椒牛肉馅···················026

五香羊肉馅···················026

海鲜馅

新鲜鱼肉馅 …………… 027

虾肉草菇馅 …………… 027

鲜美蟹肉馅 …………… 028

蛤蜊莴笋馅 …………… 028

坚果馅

核桃杏仁馅 …………… 029

花生瓜子馅 …………… 029

松子莲子芝麻馅 …………… 030

莲蓉馅 …………… 030

成形

面团搓条 …………… 031

面团揪剂 …………… 031

面团切剂 …………… 032

面团挖剂 …………… 032

面团拉剂 …………… 033

面剂按皮和拍皮 …………… 033

擀饺子皮 …………… 034

包家常水饺 …………… 034

包月牙饺 …………… 035

包三角饺 …………… 035

擀馄饨皮 …………… 036

包馄饨 …………… 037

手擀面 …………… 038

搓馒头 …………… 039

包包子 …………… 039

做馅饼 …………… 040

卷春卷 …………… 041

单花卷 …………… 042

双色卷 …………… 042

包烧卖 …………… 043

包粽子 …………… 044

Part.3 新手做面点，火候、技巧要牢记

馒头

燕麦馒头 …………… 046

菠汁馒头 …………… 047

豆沙双色馒头 …………… 048

双色馒头 …………… 049

胡萝卜馒头·····················050

南瓜馒头·····················051

椰汁馒头·····················051

吉士馒头·····················051

包子

生肉包·····················052

燕麦花生包·····················053

燕麦豆沙包·····················054

香芋包·····················055

雪里蕻肉丝包·····················056

白菜包·····················056

鲜肉大包·····················056

金沙奶黄包·····················057

相思红豆包·····················057

灌汤包·····················057

青椒猪肉包·····················058

豌豆包·····················058

虾仁包·····················058

贵妃奶黄包·····················059

素斋包·····················059

芹菜小笼包·····················059

榨菜肉丝包·····················060

香葱肉包·····················060

家常三丁包·····················060

灌汤小笼包·····················061

干贝小笼包·····················061

蟹黄小笼包·····················061

牛肉煎包·····················062

瓜仁煎包·····················062

冬菜鲜肉煎包·····················062

生煎葱花包·····················063

芝麻煎包·····················063

京葱生煎包·····················063

花卷

葱花火腿卷·····················064

香芋卷·····················065

圆花卷·····················066

燕麦杏仁卷·····················067

火腿卷·····················068

牛油花卷·····················069

五香牛肉卷·····················070

燕麦葱花卷·····················071

花生卷·····················072

葱花卷·····················072

川味花卷·····················072

双色花卷·····················073

腊肠卷·····················073

肠仔卷·····················073

水饺

韭菜水饺·····················074

鱼肉大葱饺…………………075

家乡蒸饺…………………076

墨鱼蒸饺…………………077

玉米水饺…………………078

菠菜水饺…………………079

鲜虾水饺…………………080

金针菇饺…………………080

冬笋水饺…………………080

白菜猪肉饺…………………081

冬菜鸡蛋饺…………………081

芹菜猪肉饺…………………081

萝卜鲜肉饺…………………082

菠菜鲜肉饺…………………082

猪肉雪里蕻饺………………082

鸡肉大白菜饺………………083

萝卜牛肉饺…………………083

牛肉冬菜饺…………………083

牛肉大葱饺…………………084

猪肉韭菜饺…………………084

鱼肉水饺…………………084

薄皮鲜虾饺…………………085

虾仁韭黄饺…………………085

蛤蜊饺…………………085

鱼翅灌汤饺…………………086

三鲜凤尾饺…………………086

荞麦蒸饺…………………086

翠玉蒸饺…………………087

冬菜猪肉煎饺………………087

煎饺…………………087

馄饨

玉米馄饨…………………088

萝卜馄饨…………………089

鸡肉馄饨…………………090

牛肉馄饨…………………091

包菜馄饨…………………092

冬瓜馄饨…………………092

荠菜馄饨…………………092

蒜薹馄饨…………………093

羊肉馄饨…………………093

鲜虾馄饨…………………093

三鲜小馄饨…………………094

菜肉馄饨汤…………………094

红油馄饨…………………094

韭黄鸡蛋馄饨………………095

鸡蛋猪肉馄饨………………095

芹菜牛肉馄饨………………095

鱼肉雪里蕻馄饨……………096

上海小馄饨…………………096

鱼肉馄饨…………………096

干贝馄饨…………………097

淮园馄饨…………………097

酸辣馄饨…………………097

面条

牛肉黄瓜冷面……………………098

猪大肠炒手擀面…………………099

银芽冬菇炒蛋面…………………100

黑芝麻牛奶面……………………101

鲜笋面……………………………102

补气人参面………………………102

蔬菜面……………………………102

红烧牛筋面………………………103

火腿鸡丝面………………………103

打卤面……………………………103

凉拌通心面………………………104

三鲜烩面…………………………104

锅烧面……………………………104

酸菜肉丝面………………………105

雪里蕻肉丝面……………………105

粉蒸排骨面………………………105

鲜虾云吞面………………………106

鱼皮饺汤面………………………106

红烧排骨面………………………106

红烧牛肉面………………………107

叉烧面……………………………107

鸡丝菠汁面………………………107

香菇西红柿面……………………108

什锦菠菜面………………………108

西红柿猪肝菠菜面………………108

尖椒牛肉面………………………109

家常炸酱面………………………109

担担面……………………………109

粉

咖喱炒河粉………………………110

火腿丝炒米粉……………………110

南瓜炒米粉………………………110

蛋炒米粉…………………………111

包菜粉丝…………………………111

香炒粉丝…………………………111

干炒牛肉河粉……………………112

洋葱炒河粉………………………112

牛肉炒河粉………………………112

金湘玉飘香粉丝…………………113

牛肉河粉…………………………113

鸡蛋河粉…………………………113

川香凉粉…………………………114

怪味拉皮…………………………114

东北大拉皮………………………114

大拌拉皮…………………………115

凉皮………………………………115

豆芽米粉…………………………115

川味拉皮…………………………116

泡菜炒粉条………………………116

过桥米线…………………………116

金汤肥牛河粉……………………117

鸡蛋炒米粉………………………117

番茄肉酱通心粉 …………… 117

肉末炒粉皮 …………………… 118

蛤肉粉丝 ……………………… 118

带子拌菠菜粉 ………………… 118

Part.4 中西各式名小吃，其实没您想的那么难

中式小吃

七彩水晶盏 …………………… 120

水晶叉烧盏 …………………… 121

黑糯米盏 ……………………… 122

冬瓜蓉酥 ……………………… 123

豆沙麻枣 ……………………… 124

豆沙扭酥 ……………………… 125

莲花酥 ………………………… 126

笑口酥 ………………………… 127

苹果酥 ………………………… 128

蝴蝶酥 ………………………… 128

肉松酥 ………………………… 128

月亮酥 ………………………… 129

一品酥 ………………………… 129

萝卜丝芝麻酥 ………………… 129

蛋黄甘露酥 …………………… 130

飘香橄榄酥 …………………… 130

豆沙千层酥 …………………… 130

徽式一口酥 …………………… 131

龙眼酥 ………………………… 131

美味莲蓉酥 …………………… 131

冰花酥 ………………………… 132

煎饼 …………………………… 133

土豆饼 ………………………… 133

酸菜饼 ………………………… 133

芋头饼 ………………………… 134

蔬菜饼 ………………………… 134

双喜饼 ………………………… 134

千层饼 ………………………… 135

奶黄饼 ………………………… 135

手抓饼 ………………………… 135

菊花饼 ………………………… 136

南瓜饼 ………………………… 137

糯米饼 ………………………… 137

金钱饼 ………………………… 137

黑米冰花饼 …………………… 138

牛肉烧饼 ……………………… 139

绿豆煎饼 ……………………… 139

家乡软饼 ……………………… 139

潮式炸油果·······140

豆沙松仁果·······140

奶黄西米球·······140

糖熘卷果·······141

安虾咸水角·······141

巴山麻团·······141

拔丝鲜奶·······142

椰香糯米糍·······142

脆皮奶黄·······142

西式小吃

香菜饼干·······143

椰子薄饼·······144

腰果巧克力饼·······145

椰奶饼干·······146

杏仁薄饼·······147

陈皮饼干·······148

乌梅饼干·······149

奶香饼干·······150

紫菜饼·······151

巧克力夹心饼·······152

淑女饼·······153

乡村乳酪饼·······154

花生小点·······155

香杏小点·······156

芝麻花生球·······157

金手指·······158

大米抹茶曲奇·······159

罗蜜雅饼干·······159

曲奇饼·······160

奶酥饼·······160

星星小西饼·······161

奶油曲奇·······161

槽子松饼·······162

枫糖鲜奶松饼·······162

果酱松饼·······163

格子松饼·······163

可可松饼·······164

香芋松饼·······164

小松饼·······165

大豆糯米松饼·······165

椰子汁松饼·······166

糯米果仁小甜饼·······166

奶油松饼·······167

花生腰果松饼·······167

巧克力华夫饼·······168

华夫饼·······168

酥饼·······169

手指酥饼·······169

葡萄酥饼·······170

巧克力杏仁酥饼·······170

巧克力酥饼·······171

布列塔尼酥饼·······171

白兰酥饼·······172

全麦核桃酥饼·······172

红糖桃酥……………………173

香辣条………………………173

巧克力手指酥饼……………174

格格花心酥饼………………174

贝果干酪酥饼………………175

黄金烧………………………175

圣诞姜饼人…………………176

圣诞树饼干…………………176

果糖饼干……………………177

花式饼干……………………177

蓝莓果酱小饼干……………178

奶酪饼干……………………178

心形果酱饼干………………179

心心相印饼干………………179

Part 1

新手学做面点第一步——会用工具、认得材料

色香味俱全的面点，在制作的过程中除了要有熟练的手上功夫之外，还需要各种工具。除了厨房中的一些常用工具外，我们还需要一些基础工具，比如秤、温度计、量杯等。本章将为您介绍在家中制作面点时需要的工具，让您在制作的时候做到游刃有余。

擀面杖： 中国古老的一种用来压制面条、面皮的工具，多为木制，以香椿木为上品。擀面杖有很多种，河南用的是两头尖尖的，山东用的是两头和中间一样粗细的，还有的地方的擀面杖中间是空的，外面加上一根轴，叫"走槌"。通常，长而大的擀面杖用来擀面条，短而小的擀面杖用来擀饺子皮、烧卖皮。

刮板： 刮板又称面铲板，是制作面团后刮净盆子或面板上剩余面团的工具，也可以用来切割面团及修整面团的四边。刮板有塑料、不锈钢、木制等多种材质，其中不锈钢刮板因其结实、美观、耐用的特点而受到大众的喜爱。

秤： 秤是一种用来测量质量的仪器。秤的种类繁多，例如台秤、杆秤、弹簧秤等。居家厨房所用的一般是电子厨房秤，可以用来称面粉的重量等。

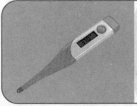

温度计： 温度计是一种用来测量温度的仪器，有水银温度计、煤油温度计、气体温度计等，测量固体和气体所用的温度计是不同的。厨房所用的是食品温度计，一般用针式探头针测量馅饼、肉类、面粉等薄质食品的温度。

量匙： 量匙通常是金属材质的圆状或椭圆状带有小柄的一种浅勺，主要用来盛液体或者细碎的物体。比如，厨房里用量匙取幼糖、酵母粉等。

计时器： 计时器是一种用来计算时间的仪器。计时器的种类非常多，一般厨房计时器都是用来观察、制定烘焙时间的，以免时间不够或者烘焙、蒸煮超时等。

量杯： 一般量杯的杯壁上都有容量标示，可以用来量取材料，如水、奶油等，有不同的大小尺寸可供选择。读数时要注意刻度，而且不能把量杯作为反应容器。此外，量取时要恰当地选择合适的量程。

面粉筛： 面粉筛一般都是由不锈钢制成的，是用来过滤面粉的工具。面粉筛底部为漏网状，做蛋糕或饼类时会用到，可以过滤掉面粉中含有的其他杂质，使得做出来的蛋糕、饼类更加膨松，口感更好。

分蛋器： 分蛋器也叫蛋清分离器，有塑料、金属等材质的，主要是有一层鸡蛋分离槽镂空设计。它的主要作用是将蛋清和蛋黄分离。因为制作蛋糕时有时需要将鸡蛋液加入面粉里，且不能将蛋清、蛋黄混在一起，所以就需要用分蛋器处理。

打蛋器： 打蛋器一般是由不锈钢制成的，主要是将鸡蛋的蛋清和蛋黄充分打散，有的时候还需要单独将蛋黄和蛋清打到起泡。

搅拌器： 厨房使用的搅拌器主要是用来将鸡蛋的蛋清和蛋黄充分打散，或者将面团和其他原材料均匀混合的一种工具。使用搅拌器可以使搅拌的工作更加快速，材料搅拌得更加均匀，在使用过程中要注意保持机器的平稳。

搅面棍： 搅面棍是一种用来搅拌面粉的棍子，在制作蛋糕、面包、饼干等过程中用搅面棍来搅拌面团，可以使面粉更加柔和、均匀。搅面棍一般表面光滑，容易清洁，是厨房常需用具。

刮刀： 厨房所用刮刀由多种材质制成，包括不锈钢、ABS树脂等。刮刀手感光滑，使用方便。刮刀还可以用来轻松打开罐装食品的盖子，有起盖器的作用。一般厨房用刮刀主要在刮取罐装食品里面的食物及制作糕点时使用。

削面刀： 削面刀是一种特制的弧形削刀，用这种刀削出的面叶中间厚两边薄，形似柳叶。使用削面刀要求和的面硬一些，削面之前用刀蘸点油，这样面才会有劲道，更好吃。使用时，左手托面稍微向下倾斜，右手持刀向下反复匀速地削就可以了，操作起来非常简单。

奶油抹刀：奶油抹刀一般用于蛋糕裱花的时候涂抹奶油，或者在食物脱模的时候用来分离食物和模具。当然，其他各种需要刮平和抹平的地方都可以使用奶油抹刀。奶油抹刀的刀身有直形的，也有瓜子形的，容易清洗，不沾污垢。

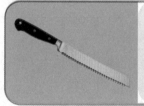

齿形面包刀：齿形面包刀形如普通厨具小刀，但是刀面带有锯齿，一般适合切面包，也有人用来切蛋糕。

轮刀：轮刀的用途是切芝士、比萨、蛋糕和其他糕点。其颜色丰富，形状不规则，顶部是圆形刀片，下端为手柄。

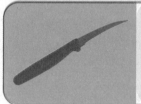

雕刻刀：烘焙用的雕刻刀一般有石材的和不锈钢的，用于翻糖蛋糕、巧克力等的雕刻，握柄设计，使用方便，可耐高温。

蛋糕脱模刀：蛋糕脱模刀是用来分离蛋糕和蛋糕模具的小刀，长约20～30厘米，一般为塑料材质和不锈钢材质，不伤模具。在蛋糕烤完放凉了以后，用蛋糕脱模刀紧贴蛋糕模壁轻轻地划一圈，倒扣蛋糕模即可分离蛋糕与蛋糕模。

蒸笼：制作中式点心及蒸菜时要用到蒸笼。蒸笼的大小随家庭的需要而定，有竹编的、木制的、铝制的及不锈钢制的等。使用的时候，将底锅或垫锅先盛半锅水烧开，再将装有点心的蒸笼放入。中途如果需要加水，应加热水，以免影响菜肴的品质。

烤箱：在家庭中使用时，烤箱一般用来烤制饼干、点心和面包等食物。它是一种密封的电器，同时也具备烘干食物的功能。通过烤箱做出来的食物香气扑鼻、口感松脆。烤箱分为台式烤箱和嵌入式烤箱两种。

烘焙油纸: 用烤箱烘烤食物时,一般把烘焙油纸垫在底部,防止食物粘在模具上导致清洗困难。蒸馒头时也可以把它置于底部,能保证食品干净卫生。此外,垫盘、隔油时都可以用烘焙油纸。其特性是防油、防粘、防水、耐高温。

保鲜膜: 保鲜膜是人们用来保鲜食物的一种塑料包装制品,比如可以在冰箱内用来保鲜切好后的水果、蔬菜以及其他各种食物。它是现在家庭里离不开的一种保鲜工具。

锡纸: 当食品需要烘烤时,用锡纸包装可以防止烧焦,还能防止水分流失,保留鲜味。有些时候,也可以使用锡纸防油,效果很好。大部分锡纸一面光亮,一面哑光,通常以哑光面接触食物,光亮面露在外面,否则食物会粘在锡纸上。

硅胶垫: 硅胶垫一般都是用食品级硅胶制成的,经高温处理过。硅胶垫规格不一,有长方形、正方形、圆形等。在做吐司、面包和比萨时,使用硅胶垫十分方便。它的特点是具备吸附性,不会轻易滑动,而且无异味,对人体无害。

蛋糕转盘: 在用抹刀涂抹蛋糕坯时,蛋糕转盘可供我们边涂边抹边转动,节省时间。蛋糕转盘一般都为铝合金材质,直径大约为30厘米。

糕壳: 糕壳是用来制作蛋糕或者面包、蛋挞、布丁等的小模具,一般是铝制的或者是不锈钢制的。按图形分,有菊花模、椭圆形模等。

方形烤盘: 顾名思义,方形烤盘一般是长方形的,钢制或铁制的都有,可以用来烤蛋糕卷、做方形蛋糕等,也有人用它来做苏打饼和方形比萨,以及其他饼干类。

比萨盘：比萨盘尺寸大小不一，有6寸、7寸、8寸、9寸和10寸等。材质有铝合金制和铁制等。一般先用高筋面粉、酵母、黄油、比萨酱、奶酪和培根等制好原料放进比萨盘，再将其放进烤箱里烤制，不久就可以尝到新鲜出炉的比萨了。

日式戚风模具：日式戚风模具是做日式戚风蛋糕所必备的用具，一般为铝合金制，圆筒形状，表面多有磨砂感，用来制作蛋糕时只需将日式戚风蛋糕的蛋糕液倒入模具中，然后烘烤即可。

松饼模具：松饼模具是在里面放了烘焙纸后再进行面团烘焙的模具。根据做一般松饼、大松饼、迷你松饼的需求，有不同的尺寸可供选择。

玛德琳模具：玛德琳模具是专门用来烘焙小巧又可爱的法式糕点的贝壳形模具。因为每个玛德琳蛋糕的用面量很少，所以一张板模可以同时烤很多个，使用起来非常方便。

磅蛋糕模具：磅蛋糕模具是用来烤磅蛋糕的专用模具。只有既有深度又有长度的模具，才能烤出鼓而厚实的磅蛋糕。

曲奇模具：在擀好曲奇面团后，用造型模具盖出形状再进行烘焙，既漂亮又可爱。用来送人的时候，选择喜欢的形状进行烘焙，再在表面裹一层糖衣，就与高级糕饼店中卖的曲奇没什么两样了。

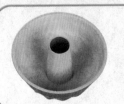

甜甜圈印模：甜甜圈印模为杯状，圆形较多，分内圈和外圈。把面团擀好以后，将甜甜圈模用力压下，就有了圆圈状的面团，经过发酵和油炸以后，就成了可口美味的甜甜圈。

花形蛋糕模： 花形蛋糕模为铝制品，特点是受热均匀，导热快。其种类繁多，有玫瑰花花形蛋糕模、八瓣花花形蛋糕模、六连花花形蛋糕模，也有圆底花形蛋糕模。使用蛋糕模制作蛋糕后要注意清洁干净。

舒芙蕾杯： 舒芙蕾杯指的是可直接放到烤箱中使用的小的烤箱用陶瓷杯，可以用来烤一人份的蛋糕、磅蛋糕、芝士蛋糕。即使只剩一点点面团，也可以放到苏芙里杯中烘焙。所以，它是很有用的模具。

羊毛刷： 羊毛刷是用来制作面点的用具，尺寸多样，1寸、1寸半、2寸甚至到5寸的都有。它用来在面皮表面刷上一层油脂，也用于在做好的蛋糕或者点心上刷上一层蛋液。

果挖： 果挖，又名"挖球器"。它小巧易用，能够让我们轻易地把食材挖成球状，一般都设计有手柄。

菊花挞模： 菊花挞模是指呈菊花状的蛋挞模，常用来制作蛋挞。有纯硅胶制、铝合金制、碳钢制等，一般使用铝制较多。菊花挞模也可以用来做小蛋糕和小布丁，深受小朋友的喜爱。

硅胶模： 硅胶模是指由硅胶材质制成的，用来做蛋糕、果冻、慕斯、饼干或者蛋挞的小模具，使用方便、轻盈。可以置于烤箱烘焙或者放置在冰箱冷冻。

布丁模： 布丁模是一种杯状模具，一般由陶瓷、玻璃制成，形状各异，可以用来制作酸奶、布丁等，它小巧耐看，耐高温。

认得材料 ▶

高筋面粉： 高筋面粉的蛋白质含量在12.5％～13.5％，色泽偏黄，颗粒较粗，不容易结块，比较容易产生筋性，较适合用来做面包、松饼（千层酥）、奶油空心饼（泡芙）、水果蛋糕以及部分酥皮类起酥点心，比如丹麦酥。

中筋面粉： 中筋面粉即普通面粉，蛋白质含量为8.5％～12.5％，颜色乳白，介于高、低筋面粉之间，呈半松散状，多用在中式点心制作上，如包子、馒头、饺子等。

低筋面粉： 低筋面粉的蛋白质含量在8.5％以下，颜色偏白，颗粒较细，容易结块，适合制作蛋糕、饼干等。如果没有低筋面粉，可以按75克中筋面粉配25克玉米淀粉的比例自行配制双色低筋面粉。

澄粉： 又有人称之为澄面、小麦淀粉，属于无筋的面粉，主要成分包括薯类以及淀粉。可以用来制作点心，例如潮州粉果等。

糯米粉： 一般是由糯米浸泡后再加以磨打使之成为浆液状，然后经过过滤以后，晾干再晒成粉状物质。一般在商场里面就能买到。人们常常用它做汤圆，也可用它做美味糯米饼。

玉米粉： 玉米粉是指用玉米磨成的面粉。作为主食之一，玉米粉的营养十分丰富。常见的玉米粉颜色金黄，口感顺滑、筋道，并且带有淡淡的玉米清香。用玉米粉制成的玉米面可在保留玉米营养成分的基础上改善粗粮面食粗糙的口感和不易消化的缺点。

苏打粉： 苏打粉，俗称为"小苏打"，又称"食粉"。在做面食、烘焙食物时，经常会用到苏打粉，它有一种使食物膨化、吃起来更加松软可口的作用。适量地食用苏打粉，可起到中和胃酸的作用。

泡打粉： 泡打粉作为膨松剂，一般是由碱性材料配合其他酸性材料并以淀粉作为填充剂组成的白色粉末。它在遇到热水的情况下可以快速起发，发生反应，人们常常用它来制作西式点心等。

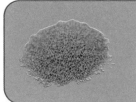
酵母： 酵母是一种微小的单细胞生物，能够把糖发酵成酒精和二氧化碳，属于一种比较天然的发酵剂，不会引入未知的可能致病的杂菌，而且能够使包子、馒头等味道纯正、浓厚。

奶粉： 奶粉是以新鲜牛奶为原料，用冷冻或加热的方法，除去乳中几乎全部的水分，干燥后添加适量白砂糖加工而成的食品。

肉桂粉： 肉桂粉是由肉桂的枝干去皮加工成的粉末。其最大的作用是能够活血通经，多用于蛋糕、面包的烘焙上，气味芳香。

绿茶粉： 绿茶粉是指在最大限度地保持茶叶原有营养成分的前提下，用绿茶粉碎成的茶末。它不仅可以直接饮用，还能用来制作蛋糕、绿茶饼、绿茶布丁、绿茶味汤圆等，气味清新，入口清香，又健康营养。

蜂蜜： 蜂蜜，简而言之，即蜜蜂酿制成的蜜。其主要成分有葡萄糖、果糖、氨基酸，还有各种维生素和矿物质元素。蜂蜜作为一种天然健康的食品，愈来愈多地受到人们喜爱。蜂蜜水有排毒美颜的作用，女性、老人和小孩都适宜饮用。

芝麻： 芝麻又叫胡麻、油麻，主要有黑芝麻、白芝麻两种。南朝医学家陶弘景对芝麻的评价是"八谷之中，惟此为良"。其以色泽均匀、饱满、干燥、气味香者为佳，而表面潮湿、油腻者为次品。

大米： 大米中75%的成分是碳水化合物，7%～8%是蛋白质，1.3%～1.8%是脂肪，还含有丰富的B族维生素等，且消化率是66.8%～83.1%。因此，大米有较高的营养价值。用大米做成的主食主要有米饭、米粉等。

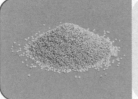

小米： 小米属五谷杂粮，古代称为粟，是脱壳制成的粮食，颗粒较小，品种繁多，有黑、白、红、黄、橙各种颜色。现在人们用小米做成养生粥，如小米红枣粥、小米燕窝粥等，是营养饮食的健康之选。

薏米： 薏米性微寒，味甘甜，籽实卵形，白色或者灰白色。人们习惯在夏天将薏米作为消暑佳品，如薏米木瓜汤，营养价值极高，能止渴、消暑、解毒，是生命健康之友。薏米可煮粥、煮汤、制酒。

黑米： 黑米属于糯米的一类，粒型有籼和粳两种，质地分为带糯性和不带糯性，食用价值高且具备药用价值。黑米可以用来煮粥、做黑米糕等。

荞麦： 荞麦是一种带壳双子叶植物，去掉硬壳以后可以磨面食用。荞麦中含有丰富的淀粉。荞麦可以用来制作面条，是一种常见的主食。

燕麦： 燕麦所含的蛋白质、脂肪、热量、淀粉以及B族维生素和维生素E都是较高的。由燕麦去壳制成的燕麦片是一种常见的保健食品，可再煮食或者冲食，是一种时尚健康的食品。

大麦： 大麦是因为麦粒比起小麦来显得大，麦芒也比小麦长，所以被称为大麦。还有一类有黏性的大麦，叫作糯米麦。最原始的大麦产于青藏高原。由大麦制成的大麦茶和啤酒是比较常见的大麦食品。

红豆：深红色，颗粒状，一般超市有售，用红豆制作红豆粥、红豆糖水者较多。红豆有润肤养颜的作用，所以尤为女性朋友喜爱，用它制成八宝粥或者杂粮粥之后，味道和口感更好。

黄豆：黄豆呈黄色颗粒状，营养价值非常丰富，被誉为"豆中之王"，多用来制成豆浆，有美容养颜之效，是一种高蛋白质饮品。除此之外，黄豆还可以用来制作豆腐、豆花，或直接用来煎炒、煮汤。

黑豆：黑豆，又名乌豆，是许多家庭必备的健康豆类。黑豆味甘，性平，颗粒大而饱满。优质黑豆色泽鲜亮，呈椭圆形，微扁，含高蛋白质，低热量。黑豆可制成黑豆奶，还可以煮制黑豆排骨汤、黑豆鸡爪汤。

绿豆：绿豆颜色青绿，圆状微扁，质地坚硬而有光泽。用它制成的绿豆汤，既能清暑益气，又能补水解渴。

白果：白果是银杏树的果实，原产于我国。其树结果年限较长，有"公植树而孙得食"的说法，因此，也称"公孙树"，每年寒露时节采摘，果肉不食，核仁入药，具有杀菌、化痰、止咳、补肺、通经、利便之功效。

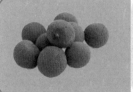

桂圆：早在西汉时，我国南方就有桂圆。鲜桂圆剥开外壳即见半透明的果肉，浆汁饱满，甘甜如蜜，又名蜜脾、龙眼。购买桂圆时，要选择果肉透明但汁液不溢出、肉质结实的。

核桃：核桃亦称胡桃，相传为张骞出使西域时带回。核坚硬，表面有凹凸，仁多油，营养丰富，供生食和加工食用。核桃以大而饱满、黄白色、油脂丰富、味道清香的为佳。

花生：花生是一年生草本植物，又名落花生、长寿果，原产于南美洲。花生以粒圆饱满、无霉蛀的为佳，干瘪的为次品，适宜低温、干燥处保存。

板栗：板栗作为粮食的代用品迄今已有2000多年的历史。选购板栗时以颗粒饱满、色泽深褐自然、无霉变、无虫害的为佳。发霉的板栗吃了会引起中毒，因此切记不要吃变质的板栗。

莲子：莲子是常见的滋补之品，有很好的滋补作用。古人认为经常服食莲子，百病可祛。莲子"禀清芳之气，得稼穑之味，乃脾之果也"。优质莲子外观上有一点自然的皱皮或残留的红皮，劣质莲子刀痕处多膨胀。

松子：松子，又名松实、果松子、海松子，是常见的坚果之一，富含脂肪、蛋白质、碳水化合物等。即可单食，又可做成糕点、菜肴等。

枸杞子：枸杞子味甘、性平，素有补肝益肾之功效。它能够有效地调节人体免疫功能，提升人的抵抗力以及细胞造血功能等。

杏仁：杏仁为蔷薇科植物杏或山杏的种子，分为甜杏仁和苦杏仁。选购时，以色泽棕黄、颗粒均匀、无臭味者为佳，青色、表面有干涩皱纹的为次品。

腰果：腰果是世界四大干果之一，其肉嫩脆多汁，可以当水果吃，营养丰富，还可当作果仁糖、点心、蜜饯或炸果仁、盐渍果仁等的原料。腰果以月牙形、白色、饱满、气味香、无虫蛀、无斑点的为佳。

红枣：红枣又名大枣，自古以来就被列为"五果"之一，历史悠久。民间有"一天吃三枣，终身不显老""一日吃十枣，医生不用找"之说。选购时，要注意选择那些颜色红润、无虫蛀的新鲜红枣。

葡萄干：葡萄干是由新鲜葡萄加工而成的，含有丰富的铁和钙。葡萄干味道鲜甜，不仅可以直接食用，还可以放在糕点中加工成食品供人品尝。葡萄干以吐鲁番产的最为著名。

鸡蛋：鸡蛋是一种全球性普及的食品，营养丰富，用途广泛，含有高质量的蛋白质，常被用作度量其他蛋白质的标准。鸡蛋是日常生活中营养价值较高的天然食品之一。鸡蛋最好在冰箱内保存，把鸡蛋的大头朝上、小头朝下放，这样可以延长鸡蛋的保存时间。

黄油：黄油又叫乳脂、白脱油，是将牛奶中的稀奶油和脱脂乳分离后，使稀奶油成熟并经搅拌而成的。黄油一般应该置于冰箱内存放。

奶油：奶油，是将牛奶中的脂肪成分经过浓缩而得到的半固体产品，色白微黄，奶香浓郁，脂肪含量较黄油低，可用来涂抹面包和馒头或制作蛋糕和糖果。优质奶油大都具有纯正的奶香味，细腻柔滑，色泽均匀，无异味。

细砂糖：细砂糖是经过提取和加工以后结晶颗粒较小的糖。适当食用细砂糖有利于提高机体对钙的吸收，但不宜食用过多，尤其是糖尿病患者更要注意少吃或不吃。吃完后，应该及时漱口或刷牙，以防蛀牙。

粗砂糖：粗砂糖指的是没有经过精制的原糖，其特点是杂质多、水分大、颜色浅黄、纯度较低。古巴糖就是粗砂糖的一种。

糖粉：糖粉一般为洁白色的粉末状，颗粒极其细小，含有微量玉米粉。大致分为白砂糖粉和冰糖粉两种。直接过滤以后的糖粉还可以用来制作西式的点心和蛋糕一类的食物。

红色糖：红色糖种类较多，一般有红糖、红色方块糖以及红色冰糖等。俗称的"红糖"主要有补气益血的功效；红色方块糖则作为咖啡伴侣饮用；红色冰糖是由甘蔗提炼而成的。

麦芽糖：麦芽糖由含淀粉酶的麦芽作用于淀粉而制得，属于碳水化合物的一种，也是中国的一种怀旧小吃。至今，中国依然保存有麦芽糖的制作方法，也有人把麦芽糖用于制作麦芽饼或者在面粉及其他材料中加入麦芽糖制成糕点。

白巧克力：白巧克力是一种由可可脂、糖、牛奶以及香料制成的，不含有可可粉的巧克力。但由于其含乳制品和糖粉较多，因此甜度更高，可用于制作西式甜点和蛋糕等。

黑巧克力：黑巧克力是由可可液块、可可脂、糖和香精制成的，主要原料是可可豆。黑巧克力常用于制作蛋糕。

果酱：果酱，别名果子酱，是把水果、糖及酸度调节剂混合后，熬制而成的凝胶状物质。制好的果酱可以涂在面包或者饼干上，美味鲜甜，色彩诱人。

花生酱：花生酱是以花生作为原材料加工而成的，一般用来制作花生酱的花生都是优质花生。花生酱分为甜花生酱和咸花生酱两种，颜色为浅米黄色，香气浓郁，口感饱满，可以用于早餐时涂在面包上食用。

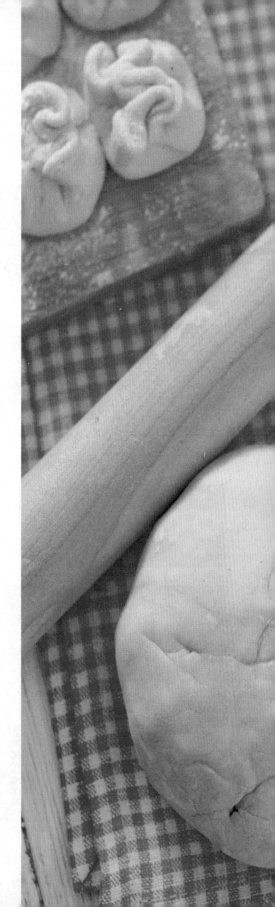

Part 2

新手学做面点第二步——和面、制馅、成形

面食是我们日常生活中接触得最多的一种主食，尤其是发酵后的面食富含多种维生素、矿物质元素以及酶类，不仅营养价值较高、味道可口，而且比较容易消化吸收，因此深受大家的喜爱。本章主要从和面、制馅和成形三个方面入手，让学做面点的新手也能够很快上手，迅速做出具有独特魅力的面点。

和面
▶

🍴 冷水面团

冷水面团又称死面、凉水面，它的成品有筋性、爽口，颜色也较白，适合水煮类面食，如水饺，也适合煎、烙、炸制面食，如春卷。制作冷水面的水温应低于30℃，因面粉中的淀粉未经糊化，所以面团较结实，可以用水来调整面团的软硬度。

●原料 中筋面粉300克，盐2克

把面粉过筛后在工作台上扒一凹窝。

将水、盐加入粉墙中。

用手指将粉与水混合成絮状。

将面絮搓揉成光滑面团。

将光滑面团用保鲜膜覆盖住，静置约10分钟。

将面团制作成各种美味面食。

🍴 烫面团

烫面团是通过利用热水改变面粉中淀粉和蛋白质的特性而得到的不同性质的面团。用烫面团做成的成品筋性、拉力及弹性差，但可塑性良好，产品不易变形，且略带甜味，质地柔软，适合做蒸饺、烧卖，或是煎、烙的葱油饼、烧饼等。

●原料 中筋面粉250克

把面粉过筛后在工作台上扒一凹窝。

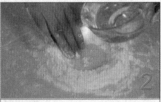

将80℃左右的热水冲入面粉中。

快速搅拌使所有面粉皆接触到热水。

不停地搓揉面粉，使之成为面絮。

将面絮搓揉成光滑面团。

将面团制成多种面食，如烧卖、蒸饺等。

温水面团

温水面团，又称热水面，特性介于冷水面与烫面之间，具有适当的弹性、可塑性及筋性，适合制作小笼汤包、蒸饺、烧卖，也适合制作葱油饼、烙饼、烧饼等。

●原料 中筋面粉500克左右，盐5克

把中筋面粉、盐放入盆内。

在盆中倒入40℃左右的温水。

一边缓缓倒入温水，一边不停地轻轻搅拌。

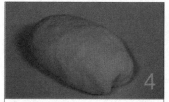
将面粉搅拌均匀，直至成为面团。

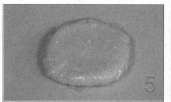
将面团摊开，盖上一层保鲜膜，静置10分钟左右。

静置一段时间后的温水面团表面光滑，适宜做包子等。

全烫面团

全烫面团和面时使用的水全是开水，和出的面团筋性差，可塑性好，成品具透明感，质地柔软，不易变形，适合制作蒸类食品，如虾饺、水晶饺等，不适合制作需炸、烤、煎、烙的食品。

●原料 中筋面粉500克，盐3克

把中筋面粉、盐放入盆内。

在盆中缓缓加入沸水。

一边加入沸水，一边搅拌。

放置到工作台上搓揉。

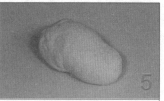
直至把它搓揉成面团。

全烫面团可以用来制虾饺、水晶饺等。

🍴 干酵母发酵面团

干酵母发酵面团一般由面粉和酵母粉做成，和好面后静置待发好，可以用来做成馒头或者包子等各种主食，香甜可口。
● 原料 面粉300克，酵母粉1/2匙

把酵母放入碗里，加温水搅拌，直至溶解在水中。

把面粉置盆内，中间扒一个窝，加入适量清水。

在面粉中再加入原先溶解好的酵母水。

反复地搓揉，直到成为一个匀称的面团。

在面团的上面盖上湿布，静置1小时左右。

发好的面团会有一些均匀的小孔出现。

🍴 面肥发酵面团

面肥即老面，面肥发酵面团，分为小发面、半发面和全发面三种。小发面，又称嫩发面，特点是有点发酵。半发面的特性是发酵不很足，适合制作蒸类食品。全发面，即大发面，特性为发酵足，适合做烙、蒸食品。
● 原料 面粉300克，面肥适量，碱面1/2匙

把面肥放入到盆里，加入适量温水，把它搅拌成稀糊状。

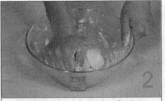

在面糊内加入面粉揉成酵面。

碱面放入碗中，加入适量清水调匀。

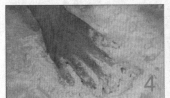

在案板上撒干面粉，把酵面放在上面摊开，再加入碱面水。

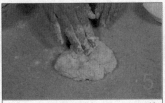

双手交叉把面团揉开，直到均匀即可。

盖上湿布静置，直到面团质地光滑有弹性即完成。

🍴 鸡蛋面团

鸡蛋面团呈金黄色，有一股鸡蛋的香味，其原料包括鸡蛋、面粉、黄油以及热水等。可以用来制作小糖饼、空心饼等面点类食物。

●原料　鸡蛋2个，面粉70克，熟猪油50克

把熟猪油及适量水放入锅里加热，使猪油溶化。

另起锅加水煮开，等水沸腾以后把面粉倒入。

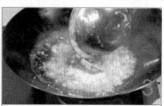

加入热好的熟猪油，然后不断地搅拌，使之成为均匀的面团。

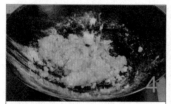

把锅再次置于火上用小火加热，打散面团，使之干燥。

面粉出锅冷却后，缓慢地向面粉里加入鸡蛋。

用力揉打至面团柔软光滑后，就可用来制作鸡蛋面点等。

🍴 蛋泡面团

和鸡蛋面团不同的是，蛋泡面团要将蛋液打散，直至蛋液起泡，这样烘烤加热以后做出来的面团成品才会膨松可口。

●原料　鸡蛋3个，面粉75克，盐适量

鸡蛋取蛋清放入碗中，充分搅打。

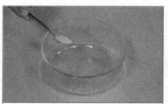

在搅打好的蛋液中加入少许盐搅拌均匀。

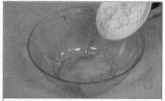

在蛋液中加入过筛的面粉拌匀。

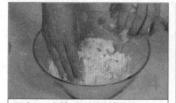

再加入少许温水混拌均匀。

放到案板上，揉成光滑的面团。

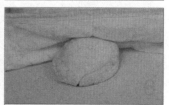

将湿布盖在面团上即可。

蔬菜面团

蔬菜面团属于时尚健康类食品，材料绿色天然且富含营养，能够补充人体所需的维生素和能量等。
● 原料　蔬菜适量，面粉300克，盐、油和糖各适量

把蔬菜洗净，放进搅拌机搅拌成黏稠状的蔬菜浆。

在搅拌好的蔬菜浆里加入盐、油和糖。

搅拌均匀。

在工作台上将面粉和水、蔬菜浆混合在一起，搓揉成面团。

用保鲜膜把面团覆盖起来，静置大约10分钟。

发酵后的蔬菜面团可以做成各种面食，例如蔬菜面。

南瓜面团

南瓜中富含淀粉、蛋白质、胡萝卜素以及各种维生素，在崇尚健康饮食的今天，人们越来越喜欢用南瓜烹饪各种食品。其中，南瓜面团能够制成南瓜包、南瓜饼等可口健康的食物，备受人们青睐。
● 原料　南瓜适量，面粉300克

将南瓜洗净、去皮、切块后蒸熟，直到南瓜变软。

向案板上的面粉加入适量开水。

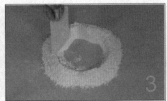

使面粉四周接触到水，然后在面粉中间扒窝。

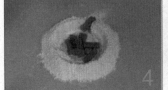

把蒸熟的南瓜放在面粉扒开的窝中。

不停地搓揉面粉和南瓜，直到均匀。

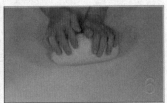

把面粉揉成光滑的南瓜面团即可。

澄粉面团

澄粉面团，又称淀粉面团，就是将澄粉用沸水烫制而成的面团。澄粉面团做成的食物一般色泽晶莹剔透、味道可口，例如水晶饺、粉果、面包和点心等。

●原料　澄粉300克

把澄粉倒入容器内。

加入开水。

倒完开水后，用搅拌棍搅拌。

把澄粉倒在案板上搓揉均匀。

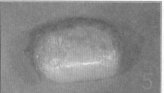

把澄粉搓揉成光滑面团后盖上保鲜膜静置。

冷却10分钟左右，就可用来制作水晶饺。

汤圆和面

汤圆和面是用糯米粉制成的糯米面团。糯米粉中含有蛋白质、脂肪、淀粉和糖类等，营养十分丰富。用汤圆和面可以制成芝麻汤圆、花生汤圆以及香芋汤圆等。

●原料　糯米粉250克

将250克糯米粉置于盆中，中间扒窝。

将适量温水掺入糯米粉中。

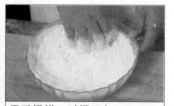

用手揉搓，对揉压匀。

取出，在案板上揉至糯米面团光滑柔润。

将糯米面团搓成条，用刀切成小剂子。

将小剂子揉成圆团，用手压扁，待包馅时用。

素菜馅 ▶

🍴 白菜香菇馅

●原料　白菜半棵，香菇6朵，胡萝卜1根，生姜1块，花椒7~8粒，花生油2汤匙，老抽、白糖、香油、盐、蘑菇精和五香粉各适量（以上材料为两个人的量，如果人多，可以适当增加原料）

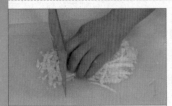

白菜洗净，剁碎，用纱布包裹后挤水。

将水发好的香菇去掉硬梗后剁碎。

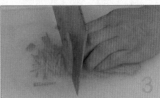

胡萝卜洗净，切成细丝，并且稍微挤一下水。

油锅内放入适量花生油，放入花椒、香菇等材料爆香。

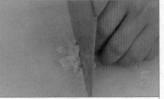

生姜根据口味添加可多可少，洗净，去皮，剁碎待用。

将白菜、胡萝卜、步骤4的食材和姜末放在大容器内加调料搅拌。

🍴 菠菜冬笋馅

●原料　菠菜400克，冬笋30克，熟火腿适量，味精少许，盐、白糖、熟猪油和香油各适量

菠菜洗净，放到煮开的水中略焯，捞出滤干水分后剁成碎末。

将熟火腿切碎成小颗粒状。

冬笋去皮，用清水洗净，滤掉水分后切成小颗粒状。

在菠菜碎末、火腿粒以及冬笋粒中加入适量的盐搅拌均匀。

再加入白糖和味精调匀。

最后加入熟猪油和香油，搅拌均匀即可。

🍴 芝麻香芋馅

●原料　香芋500克，芝麻30克，熟猪油50克，盐和白糖各适量

芝麻洗净，入锅炒熟。

香芋去皮洗净，切块，放入蒸锅内用旺火蒸熟，再晾凉。

将香芋放在案板上，按压成泥状。

将香芋泥放入热油锅中炒到出油即可。

离火出锅，放入容器内。

在香芋泥中加入芝麻和各种调味料，搅拌均匀即可。

🍴 马蹄 胡萝卜馅

●原料　马蹄400克，胡萝卜1根，盐、味精、熟猪油和香油各适量

马蹄去皮，洗干净，切成小颗粒状。

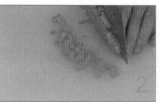

胡萝卜去皮，洗干净，先切成细条，再切成小粒。

把马蹄和胡萝卜先后放入煮开的水中稍焯一下，然后捞出。

将马蹄和胡萝卜放在容器内，搅拌均匀。

在马蹄和胡萝卜中加入味精搅拌均匀。

最后加入盐、熟猪油以及香油调匀即可。

肉馅 ▶

🍴 猪肉芹菜馅

●原料 五花肉碎500克，芹菜2棵，葱末25克，姜末15克，酱油2匙，盐、味精和香油各适量

将五花肉碎放入碗中，加入酱油调匀。

分数次加入清水、盐和姜末搅拌均匀。

芹菜洗净，切成颗粒状。

将芹菜粒和葱末等加入放有五花肉碎的碗中搅拌。

放入香油、味精。

将所有原料拌匀即成猪肉芹菜馅。

香菇鸡肉馅

●原料 鸡胸肉300克，香菇35克，姜汁1匙，酱油10克，盐3克，料酒、味精以及香油各适量

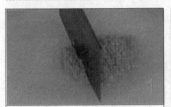
将鸡胸肉洗干净，剁成肉碎。

香菇去蒂后洗净，再切成小颗粒状。

把鸡肉碎放到大容器内。

在容器内加入酱油、姜汁、盐和料酒搅拌均匀。

再加入香菇粒搅拌均匀。

最后放入味精和香油搅拌均匀即可。

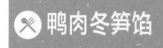 鸭肉冬笋馅

●原料 鸭胸肉300克，冬笋40克，葱末15克，姜末8克，盐和白糖各1小匙，料酒、酱油各1大匙，香油、食用油各适量

将鸭胸肉洗干净，放入沸水中煮至八成熟。

将鸭胸肉取出，放凉，然后切成颗粒状大小。

冬笋洗干净，切成颗粒状。

锅中加食用油烧热，加入鸭肉和冬笋炒热。

放入酱油、盐、料酒、白糖炒至均匀，出锅后盛入盘中。

最后加入葱末、姜末和香油搅拌均匀即可。

 腊肉芝麻馅

●原料 熟面粉250克，腊肉130克，芝麻40克，熟猪油45克，饴糖1匙，白糖和盐适量

先把备好的腊肉洗净、蒸熟，放凉后切成细小的颗粒状。

芝麻洗净，放入锅中炒熟，取出来压成面状。

将白糖、熟面粉、腊肉粒和芝麻面加入熟猪油中搅拌均匀。

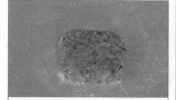

取出放在案板上，加入饴糖和盐搓揉，直至成长方形块状。

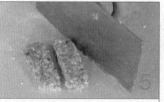

将长方形大块切成约2厘米宽的条状。

再改刀切成大小均匀的小方块即可。

黑椒牛肉馅

●原料 新鲜牛肉300克，洋葱60克，香葱30克，盐、白糖、味精各1小匙，酱油2小匙，黑椒汁和香油各适量

将新鲜的牛肉洗干净，沥干水分，先切成粗丝。

再切成绿豆大小的粒状，然后剁碎。

洋葱和香葱去掉根和老皮，洗净，切成颗粒状。

在牛肉馅中加入酱油、黑椒汁和盐、白糖、味精搅拌。

再加入切好的洋葱和香葱颗粒搅拌均匀。

最后加入香油搅拌均匀即可。

五香羊肉馅

●原料 新鲜羊肉300克，净马蹄30克，香葱末20克，酱油、沙茶酱、盐、五香粉和胡椒粉各适量

羊肉洗净，剁成羊肉碎。

马蹄切成细小的颗粒状。

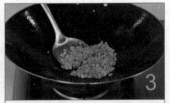

锅中加油烧热，把羊肉和马蹄先后下锅炒。

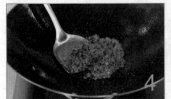

加入酱油、沙茶酱、盐、五香粉和胡椒粉翻炒。

出锅盛入大的容器里，再加入香葱末。

把香葱末与羊肉碎搅拌均匀即可。

新鲜鱼肉馅

●原料　新鲜净鱼肉400克，瘦肉50克，蘑菇20克，盐2小匙，料酒1大匙，味精和香油少许，葱末和姜末各适量

海鲜馅 ◀

将新鲜的净鱼肉剁碎成泥状。

将瘦肉洗干净，剁碎。

将蘑菇洗干净，切成细小的颗粒状。

在鱼肉和瘦肉中加入盐、料酒、味精、葱末以及姜末搅拌。

放入蘑菇粒和香油。

将容器内的馅料拌匀即可。

虾肉草菇馅

●原料　虾肉250克，瘦肉碎30克，草菇50克，盐1匙，酱油2匙，味精、熟猪油、香油、葱末以及姜末各适量

将草菇洗干净，切成绿豆大小的颗粒状。

将虾肉洗干净，将其水分过滤干净，切成小颗粒状。

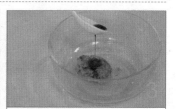

把虾肉和瘦肉碎放入大碗中，加入酱油、盐和熟猪油稍微搅拌。

再放入葱末、姜末以及味精搅拌均匀。

在碗中加入草菇颗粒搅拌。

最后放入香油搅拌均匀即可。

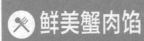 鲜美蟹肉馅

●原料 螃蟹3只，瘦肉150克，香菇25克，香葱末8克，盐1匙，酱油2匙，胡椒粉、鸡精、料酒和香油各适量

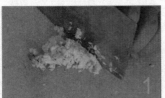

螃蟹洗净，取肉切成细小颗粒状。

将洗净的香菇放入开水中焯一下捞出，切成小颗粒状。

将瘦肉洗净剁成碎末，放入大碗中，加入香菇搅拌。

再加入料酒、香葱末、胡椒粉、盐、酱油和鸡精搅拌均匀。

加入蟹肉搅拌均匀。

放入香油搅拌均匀即可。

 蛤蜊莴笋馅

●原料 蛤蜊肉500克，莴笋200克，葱末10克，盐5克

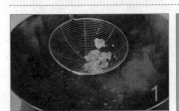

蛤蜊肉洗净，放入沸水中烫熟。

将烫熟后的蛤蜊晾凉，切成颗粒状。

莴笋去皮，洗干净，切成丝，加入盐，挤干莴笋丝的水分。

再将莴笋丝切成小颗粒状。

将莴笋粒装入大碗中，加入盐和葱末搅拌。

再在大碗中加入蛤蜊肉粒搅拌均匀即可。

核桃杏仁馅

●原料 熟面粉200克，瘦肉80克，核桃仁和杏仁各45克，白糖适量

坚果馅 ◀

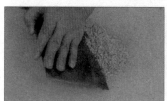

将核桃仁和杏仁洗净，压成碎米粒状。

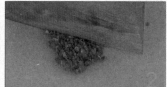

瘦肉清洗干净，用刀剁成肉碎。

将熟面粉、白糖以及核桃杏仁碎放入大碗中。

再放入瘦肉反复搓揉。

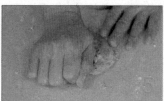

取出放在案板上，继续搓揉。

成团后按压成厚1厘米左右的大块状，再切成大颗粒即可。

 花生瓜子馅

●原料 熟面粉250克，猪肥膘肉100克，花生仁和瓜子仁各60克，白糖适量

将花生仁和瓜子仁洗净，压成碎米粒状。

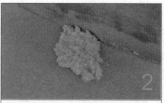

猪肥膘肉洗净，剁成肉碎。

将熟面粉、白糖和碎花生仁瓜子仁放入大碗中。

再放入猪肥膘肉搓揉。

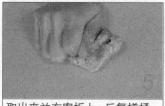

取出来放在案板上，反复搓揉。

成团后按压成厚1厘米左右的长方形大块，再切成大颗粒即可。

松子莲子芝麻馅

●原料　熟面粉250克，猪肥膘肉100克，松子仁、莲子和芝麻各50克，白糖40克，饴糖150克

将松子仁、莲子和芝麻洗净，压碎。

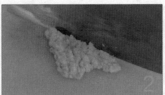

猪肥膘肉洗净，剁成肉碎。

将前面所有的原料及白糖、熟面粉放到一个大容器里。

加入饴糖反复搓揉。

取出来放在案板上搓揉，直至成团。

按压成厚1厘米左右的大块，再切成小块即可。

莲蓉馅

●原料　莲子400克，白糖250克，植物油2匙

将莲子洗净放入温水中浸泡，然后放在碗中用蒸笼蒸熟。

取出蒸熟的莲子，放入凉水中浸泡至凉。

捞出莲子，沥水，放入搅拌机内搅拌成莲蓉。

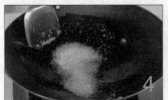

在锅中加入植物油，烧热后加入白糖，炒至白糖溶化。

在锅内加入莲蓉，炒到不粘锅为止。

出锅倒至容器内即可。

成形 ◀

 面团搓条　　●原料 面团适量

先把面团和好。

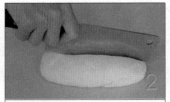

切开成条状。

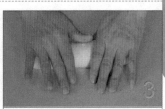

用手把条状面团来回地推揉，直到它成粗条状。

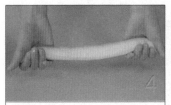

用抻面法使面条向两端延伸，变细。

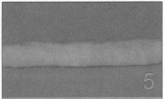

再用手把面条搓成大小均匀、粗细适当的长条状。

面团搓条完成，可用来制作麻花等。

 面团揪剂　　●原料 面团适量

先把面团和好，放置。

取出一块面团，握成剂条。

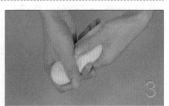

握住剂条，露出少许剂子。

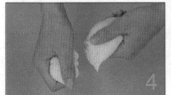

用手去捏露出的剂子。

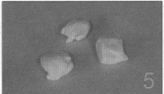

捏住以后顺手往下把它揪成大小均匀的面剂。

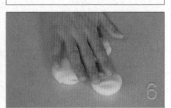

把揪好的小剂置于案板上，轻轻地压制，使其成圆状。

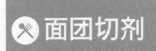
面团切剂

● 原料　面团适量

先取出面团和好，放置。

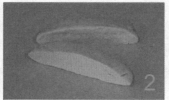
将面团切成两大半。

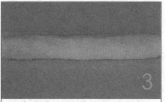
切成两半后搓成均匀的条状。

用刀将大条状切成小剂块。

切剂后放置一段时间。

面团切剂以后主要用来制作馒头等面食。

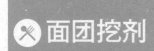
面团挖剂

● 原料　面团适量

先取出面团和好，放置。

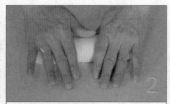
将面团搓成剂条。

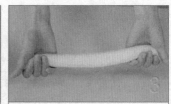
再用两手将搓好的剂条抻直。

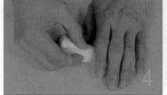
一手按住剂条，另一手四个手指弯曲，从剂条下方伸入。

一手四指弯成铲形，从剂条下面伸入挖出大小均匀的面剂。

将挖出来的小面剂放在砧板上，用手掌压制。

 面团拉剂

●原料 面团适量

先取出面团和好，放置。

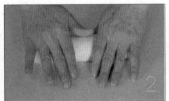

将面团搓成剂条。

一手握住搓好的剂条，另一手的五指抓住剂条的一小块。

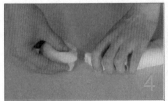

抓住以后一块块地扯下，拉成大小均匀的面剂。

用手掌把面剂压制成形。

面团拉剂可用于制作馅饼等。

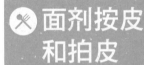 面剂按皮和拍皮

●原料 面团适量

先取出面团和好，放置。

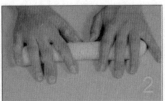

把面团搓成剂条。

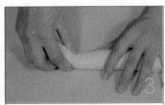

挖成剂子，放在案板上。

用手掌按压剂子，按至中间稍厚、边缘稍薄些。

用擀面杖稍加整压。

用刀沿着剂子周围将其拍成中间稍厚、周边稍薄的圆皮即可。

 擀饺子皮

●原料 面粉100克，盐少许

面粉开窝，在面窝中加入盐。

加入水，和匀。

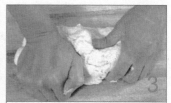

揉成面团。

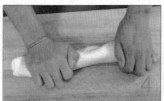

反复搓成光滑的面团，再搓成剂条抻直。

揪成20克一个的小剂子。

用擀面杖逐一将小剂子擀成饺子皮。

包家常水饺

●原料 饺子皮500克，肉馅250克，盐、味精、糖、香油各3克，胡椒粉少许，食用油少许，大白菜100克

大白菜洗净，切成碎末。

将大白菜加入肉馅中，再放入所有调味料一起拌匀成馅料。

取一饺子皮，在其中放20克的肉馅。

将面皮对折。

将面皮的边缘包起，捏成饺子形。

将饺子的边缘扭成螺旋状即成饺子。

 包月牙饺

●原料　面粉100克，盐2克，白糖、鸡粉、香油各5克，生抽5克，生粉60克，韭菜100克，肉末100克

洗好的韭菜切成粒。

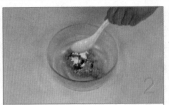

将肉末放入碗中，加入少许盐、生粉、生抽，搅拌均匀，制成肉馅。

将鸡粉、白糖、香油、韭菜粒和肉馅拌匀，制成韭菜肉馅。

面粉揉搓成面团后，切成小剂子，将剂子压扁，擀成饺子皮。

取面皮加入馅料，伸出左手食指和大拇指将饺子皮左边边角捏住。

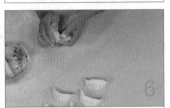

右手拇指推内侧饺子皮，食指将外侧皮捏成褶皱。

 包三角饺

●原料　糯米粉500克，澄面和猪油各150克，白糖适量，豆沙800克

将糯米粉、澄面加入白糖和水搅拌均匀。

拌至没粉粒时，即可倒在案板上。

加入猪油揉成面团，再将面团搓成长条状。

将面团、豆沙分别切成30克一个的小剂子。

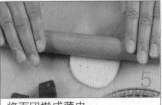

将面团擀成薄皮。

取皮在手，先捏一个角，放入豆沙馅，再捏出两个角，即成三角饺。

擀馄饨皮

●原料 高筋面粉500克，鸡蛋1个，盐2克

将500克高筋面粉置盆中，中间扒个窝，将鸡蛋磕入窝中。

将2克盐溶于水内，倒入面粉中。

用手从外往里、由下而上，反复进行抄拌，使水与面掺匀。

继续揉搓。

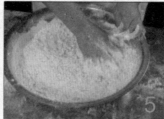

再加少许水继续抄拌，至面粉吃水呈均匀的麦片状。

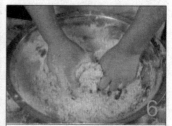

对揉压匀，使面粉均匀吃水呈结块状。

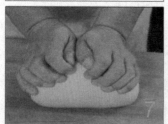

揉至面团表面光滑柔润后，再将面团揉捏成圆形。

用擀面杖将面团压扁。

再用擀面杖将面团擀压成较薄的块状。

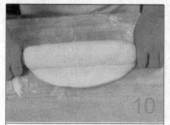

继续擀压，用擀面杖卷起面团，反复擀至细薄状。

擀压至细薄程度达到馄饨皮的要求。

将薄皮叠起，用刀切出每块为6厘米×6厘米大小的馄饨皮。

包馄饨

●原料 低筋面粉250克，高筋面粉250克，肉末250克，盐5克，味精、白糖、鸡粉、蚝油、胡椒粉、香油各适量，葱末10克，姜末少许

取一大碗，放入肉末，加2克盐，顺一个方向快速搅拌均匀至肉末起浆上劲。

加味精、白糖、鸡粉、蚝油、胡椒粉、香油拌匀。

加入姜末、葱末拌匀，制成馄饨肉馅。

将高筋面粉、低筋面粉倒在案板上，加3克盐。

用刮板开窝。

分数次加入适量清水。

将面粉揉搓成光滑的面团。

用擀面杖将面团擀成面片。

把面片对折。

再擀平，反复操作2~3次。

把面片擀成薄薄的长方片，用刀修齐整，切成梯形馄饨皮。

取适量肉馅，放在馄饨皮中，由短边卷起，裹住肉馅，再将两端捏在一起，制成馄饨。

 手擀面

● 原料 面粉500克，鸡蛋1个，盐适量

取500克面粉、盐以及1个鸡蛋，备用。

将面粉放在案板上，开窝。

将盐放在窝中间。

加入1个鸡蛋。

加清水。

用手将蛋液、盐、水拌匀。

再将面粉拌匀。

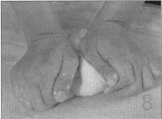

揉成光滑的面团。

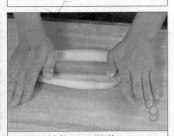

用擀面杖将面团擀薄。

将面皮卷在擀面杖上，擀成4毫米厚的面片后叠起。

将面片切成0.5厘米宽的面条。

在切好的面条上撒少许面粉，用手将面条扯散即可。

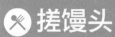 搓馒头

●原料　馒头有不同的口味，这里以金银馒头为例演示操作步骤。低筋面粉500克，糖100克，泡打粉4克，干酵母4克，改良剂25克

低筋面粉、泡打粉过筛，加入糖、干酵母、改良剂和清水搅拌。

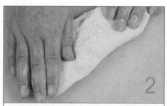

将低筋面粉拌入搓匀，搓至面团光滑。

用保鲜膜包好，使面团稍加松弛。

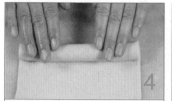

将面团擀薄，再卷成长条状。

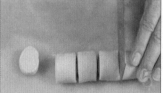

切分成每个约30克的馒头坯。

逐一排入蒸笼内，静置30分钟后，用猛火蒸约8分钟即可。

 包包子

●原料　面团500克，猪肉馅适量

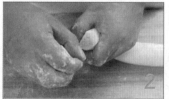

将光滑的面团搓揉成长条状。

揪成30克一个的小剂子。

将小剂子轻轻地压制成圆形。

用擀面杖将小剂子擀成包子皮。

将猪肉馅放入包子里。

包子口用手捏成雀笼形。

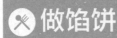

做馅饼

●原料　面粉900克，鸡蛋1个，糖50克，猪油25克，熟芝麻少许，圆粒豆沙馅适量，白牛油400克，猪油500克

白牛油、猪油、200克面粉混合拌匀，制成油心。

搓至面团光滑备用。

700克面粉开窝，加入糖、猪油、鸡蛋、清水，搓至糖溶化。

将面粉拌入。

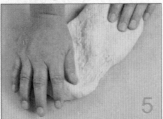

搓至面团光滑。

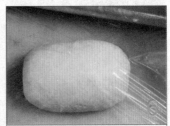

用保鲜膜包好，松弛约30分钟。

将面团擀薄，放入油心。

用擀面杖擀平，两头对叠，松弛后重复擀薄、折叠，折三次。

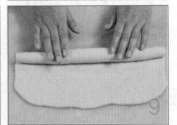

将酥皮擀薄至约4毫米，然后卷成长条状。

稍作静置后切成薄酥坯。

将薄酥坯擀开成薄片，包入豆沙馅料，然后将口收紧。

粘上芝麻，用150℃油温炸至呈浅金黄色即可。

卷春卷

● 原料　春卷皮数张，猪瘦肉100克，水发香菇35克，胡萝卜70克，黄豆芽55克，面浆适量，盐3克，鸡粉2克，白糖10克，料酒、生抽、老抽、水淀粉、香油、食用油各适量

洗净的黄豆芽切成两段。

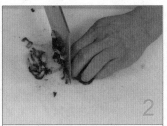

洗好的香菇切片，改切成丝。

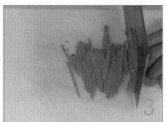

洗净、去皮的胡萝卜切片，改切成丝。

洗好的猪瘦肉切片，改切成瘦肉丝。

热锅注油，烧至五成热，放入肉丝，炸至变色。

捞出炸好的肉丝，沥干油，待用。

锅中加入清水烧开，加油，放入香菇、胡萝卜、黄豆芽略煮后放入肉丝，炒匀即可。

加入适量盐、鸡粉、白糖，淋入料酒、生抽、老抽炒匀，倒入适量水淀粉，翻炒片刻。

加入香油，炒匀。

盛出，待用。

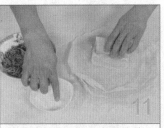

取适量食材，放入春卷皮中，将春卷皮四边向内对折，卷起包裹好，再抹上少许面浆。

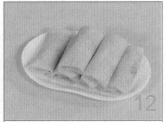

制成春卷生坯。

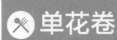

单花卷

●原料 低筋面粉500克，酵母5克，食用油15克，白糖50克，花生酱20克，花生末30克

在面粉、酵母中加入白糖和水揉成面团，覆盖上保鲜膜。

将面团擀成面皮后刷上食用油和花生酱，再撒上花生末。

对折，擀平，再分成八个均等的面皮。

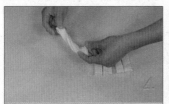

取两片面皮，整齐地叠放在一起，捏紧两端，扭成螺纹形。

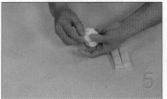

再将两端合起来，捏紧。

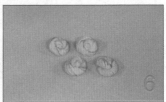

依次做完余下的面皮，制成单花卷生坯。

双色卷

●原料 低筋面粉1000克，酵母10克，熟南瓜200克，白糖100克

将适量面粉、酵母、水和白糖放一起，揉成光滑面团后裹上保鲜膜。

再将适量面粉、酵母、白糖和熟南瓜搅拌成南瓜泥。

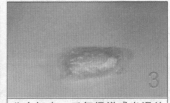

分次加水，反复揉搓成光滑的南瓜面团后裹上保鲜膜。

将擀平的南瓜面片叠在白色面片里，沿面片的中间对折。

再分成四个大小均等的剂子。

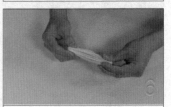

在剂子的中间压出凹痕，沿凹痕对折扭成"S"形，把两端捏住。

🍴 包烧卖

●原料 烧卖皮适量，盐、糖、香油、鸡精、蟹籽或咸蛋黄、猪上肉、猪肥肉、鲜虾仁、胡椒粉、鸡蛋丝等各适量

猪上肉、猪肥肉洗净、切碎，加入洗净的鲜虾仁、盐、糖、鸡精。

将上述材料拌匀。

将香油、胡椒粉加入拌均匀。

把馅料包入烧麦皮内。

将皮收捏起成细腰形。

将包好的烧麦排入蒸笼内。

以鸡蛋丝作装饰。

然后用蟹籽或咸蛋黄作装饰，再用猛火蒸约8分钟即可。

🍴 包粽子

●原料 糯米380克，食用碱5克，粽叶10片，棉线1团，腊肠100克

将糯米装入大碗中，加清水，水量浸没过糯米。

加食用碱，拌匀。

静置于阴凉处，浸泡1小时。

锅中加足量清水烧开，放入洗净的粽叶，煮1分钟至熟软。

把煮好的粽叶取出备用。

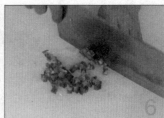

将洗净的腊肠切片，再切条，改切成丁。

取两片粽叶，叠好，由两端向中间凹，围成漏斗的形状。

用勺子舀入适量糯米，压实，压紧。

加入腊肠丁，再放入糯米，压实。

收口处留空隙，再把左右两边的粽叶向内折叠，后面的往前折叠，折好后盖紧。

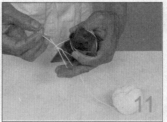

用棉线缠绕粽身，把封口处绑结实，以不漏米为原则，打上死结。

将多余的棉线剪断，制成腊肠粽生坯。

Part 3

新手做面点，
火候、技巧
要牢记

本章主要介绍了一些常见面点的做法，包括馒头、包子、花卷、水饺、馄饨、面条和粉七大类，并且详细地介绍了所做面点需要的原料、做法、制作窍门等。只有掌握好火候和技巧，才能做出健康又美味的面点！

馒头
▶

 燕麦馒头

●原料 低筋面粉、泡打粉、干酵母、改良剂、燕麦粉各适量，砂糖100克

1

低筋面粉、泡打粉过筛，与燕麦粉混合后开窝。

2

加入砂糖、干酵母、改良剂、清水拌至糖溶化。

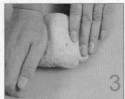

3

和成面团，揉至面团光滑。

4

用保鲜膜包起，松弛约20分钟。

5

用擀面杖将面团压薄。

6

卷成长条状。

7

切分成每个约30克的面团。

8

逐一排入蒸笼内，用猛火蒸约8分钟熟透。

菠汁馒头

●原料　面团500克，菠菜叶200克，椰浆10克，白糖20克

将菠菜叶洗净，与椰浆、白糖放搅拌机中打成汁。

将打好的菠菜汁倒入揉好的面团中。

用力揉成菠汁面团。

将面团擀成薄面皮，再将边缘切整齐。

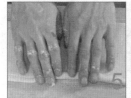

将面皮从外向里卷起，卷长条状。

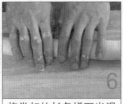

将卷起的长条搓至光滑即可。

切成大小相同的面团，即成生坯。

醒发1小时后，上笼蒸熟即可。

豆沙双色馒头

●原料　面团300克，豆沙馅150克

面团分成两份，一份加入豆沙和匀，另一份面团揉匀。

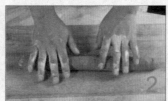

将掺有豆沙的面团和另一份面团分别搓成长条。

用通心槌将两份面团均擀成长薄片。

喷上少许水，将两份面皮叠放在一起。

从边缘开始卷成均匀的圆筒形。

切成每份50克的馒头生坯，醒发15分钟即可入锅蒸。

双色馒头

●原料　面团250克2份，菠菜叶200克，白糖20克

菠菜叶加白糖搅打成汁，再将菠菜汁掺入面团中。

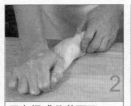

用力揉成菠菜面团。

菠菜面团擀成面皮，放于擀好的白面皮上。

再用擀面杖将面皮擀均匀。

将两块面皮从外向里卷起。

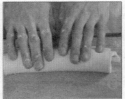

将卷起的长条搓至光滑。

再切成大小相同的面团，即成生坯。

醒发1小时后，上笼蒸熟即可。

胡萝卜馒头

●原料　面团500克，胡萝卜200克

将胡萝卜洗净放入搅拌机中打成胡萝卜汁。

将胡萝卜汁倒入面团中揉匀。

揉匀后的面团用擀面杖擀薄。

将面皮从外向里卷起。

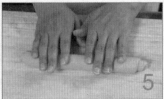

卷成圆筒形后，再搓至光滑。

切成大小相同的面团，放置醒发后上笼蒸熟即可。

🍴 南瓜馒头

●原料 熟南瓜200克，低筋面粉500克，水
适量，白糖50克，酵母5克

●做法

①将面粉、酵母混合均匀，用刮板开窝，放
入备好的白糖，倒入熟南瓜拌匀至泥状，再
加适量清水反复揉搓至面团光滑，制成南瓜
面团备用。

②将南瓜面团搓成长条形，切成数个剂子，
即成馒头生坯，将馒头生坯放入蒸锅中蒸熟
即可。

🍴 椰汁馒头

●原料 面团500克，椰汁1罐

●做法

①将椰汁倒入面团中，揉匀。

②用擀面杖将面团擀成薄面皮。

③再将面皮从外向里卷起。

④切成大小相同的面团，放置醒发1小时后上
笼蒸熟即可。

🍴 吉士馒头

●原料 面团500克，吉士粉适量，椰浆10克，
白糖20克

●做法

①将所有调味料加入面团中，揉匀，再擀成
薄面皮。

②将面皮从外向里卷起，卷成圆筒形。

③将圆筒形面团切成大约50克一个的小面剂。

④放置醒发后，上笼蒸熟即可。

包子
▶

🍴 生肉包

●原料 面粉500克，泡打粉15克，酵母5克，猪肉100克，盐5克，砂糖10克，鸡精7克，葱碎30克

1 面粉、泡打粉开窝，加酵母、砂糖、水拌匀。

2 将面粉拌入，揉至面团光滑。

3 用保鲜膜包起，使面团稍加松弛。

4 将面团切分成每个30克的小面团，压薄。

5 猪肉洗净切碎，加入盐、鸡精、葱碎拌匀成馅。

6 用面皮包入馅料。

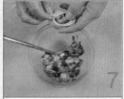

7 收口处捏成雀笼形。

8 将包子排入蒸笼，用猛火蒸约8分钟。

燕麦花生包

●原料 低筋面粉、泡打粉、干酵母、改良剂、燕麦粉各适量，砂糖100克，花生馅适量

1

低筋面粉、泡打粉过筛后加燕麦粉，开窝。

2

加砂糖、干酵母、改良剂、水拌至糖溶化。

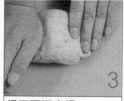
3

揉至面团光滑。

4

用保鲜膜包好，松弛约20分钟。

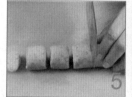
5

将面团搓成长条，切分成每个30克的小剂子。

6

将面团压薄成面皮。

7

包入花生馅，将口收紧。

8

逐一排入蒸笼内，蒸约8分钟即可。

🍴 燕麦豆沙包

●原料 低筋面粉、泡打粉、干酵母、改良剂、燕麦粉各适量，砂糖100克，豆沙馅适量

1 面粉、泡打粉过筛后与燕麦粉混合开窝。

2 加砂糖、干酵母、改良剂、水揉至糖溶化。

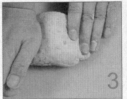

3 揉至面团光滑。

4 用保鲜膜包好，松弛20分钟。

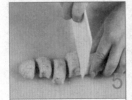

5 将面团切分为每个30克的小剂子。

6 将面团压成薄皮，包入豆沙馅。

7 将包口收紧成包坯。

8 将包坯放入蒸笼，用猛火蒸约8分钟即可。

香芋包

●原料　面粉、泡打粉各适量，香芋色香油5克，盐、香菜、鲮鱼滑各适量

1　面粉加泡打粉开窝，加水、香芋色香油。

2　将面粉揉至面团光滑。

3　用保鲜膜包起，静置15分钟。

4　将面团切分成30克每个的小面团。

5　擀成薄皮备用。

6　将鲮鱼滑与盐、香菜拌匀成馅料。

7　薄皮包入馅料，将包口处收紧，捏成雀笼形。

8　逐一排入蒸笼内，用猛火蒸约8分钟即可。

🍴 雪里蕻肉丝包

●原料 面团200克，雪里蕻碎100克，瘦肉丝100克，姜末、蒜末、葱花、盐、鸡精、食用油各适量

●做法

①葱花、蒜末、姜末入油锅中爆香，加入瘦肉丝稍炒，放入雪里蕻碎炒香，加盐、鸡精拌匀。

②面团揉匀，搓成长条，下剂按扁，擀成中间厚边缘薄的面皮，将馅料放入擀好的面皮中包好，以大火蒸熟即可。

🍴 白菜包

●原料 面团200克，豆腐干50克，大白菜100克，盐3克，姜末15克

●做法

①大白菜洗净剁末，豆腐干洗净切碎；白菜末用盐腌15分钟，加入豆腐干、姜末、盐拌匀。

②面团揉匀，搓成长条，下剂按扁，擀成薄面皮；将拌匀的馅料放入面皮中，捏成生坯；生坯放置醒发1小时后入锅中蒸熟。

🍴 鲜肉大包

●原料 面团200克，五花肉馅300克，葱花、盐各3克，姜末、香油各15克

●做法

①五花肉馅放入碗中，搅成黏稠状，加入盐、香油、葱花和姜末拌成肉馅。

②面团揉匀，搓成条状，下剂按扁，擀成薄面皮；取肉馅放入面皮中，捏紧面皮边缘，即成生坯；醒发后用大火蒸熟。

金沙奶黄包

●原料　面皮10张，白糖40克，淀粉5克，黄油、玉米粉各20克，咸蛋黄50克

●做法

①将淀粉、玉米粉、白糖、咸蛋黄一起加入碗内拌匀，再加入黄油拌匀成奶黄馅。

②取奶黄馅，均匀地放入面皮中，再逐一将面皮包起来。

③将包好的包子揉至光滑，放置案板上醒发1小时左右，上笼蒸熟即可。

相思红豆包

●原料　面团500克，黄油少量，红豆馅200克

●做法

①取红豆馅，加入黄油，搓匀成长条状，再分成剂子。

②将面团下成面剂，再擀成面皮；取一张面皮，在面皮内放入一个红豆黄油剂子，将面皮从外向里捏拢，再将包子揉至光滑；将包好的包子放置案板上醒发1小时左右，上笼蒸熟即可。

灌汤包

●原料　面团500克，猪皮冻200克，肉末40克，淀粉、盐、糖、老抽、鸡精各少许

●做法

①将面团揉搓成圆形长条，再分切成小面团，将面团擀成中间稍厚、周边圆薄的面皮。

②将猪皮冻切碎后与肉末及所有调料拌匀成馅料，取少量馅料放在面皮上摊平，打褶包好，再上笼蒸熟即可。

🍴 青椒猪肉包

● 原料　面团200克，五花肉馅100克，青椒碎50克，姜末15克，盐、香油各15克

● 做法

① 五花肉馅放入碗中，加水和青椒碎搅匀，加入盐、香油和姜末拌匀。

② 面团揉匀，搓成长条，下剂按扁，擀成薄面皮；将拌匀的馅料放入面皮中央，包成生坯；包子生坯醒发1小时后，用大火蒸熟。

🍴 豌豆包

● 原料　面团500克，罐装豌豆1罐，白糖60克

● 做法

① 将豌豆榨成泥状，加入白糖和匀成馅。

② 将面团下成大小均匀的面剂，再擀成面皮；取一张面皮，放入豌豆馅。

③ 将面皮向中间捏拢，再将包住馅的面皮揉光滑，封口，即成生坯；生坯醒发1小时左右，上笼蒸熟即可。

🍴 虾仁包

● 原料　面团500克，盐3克，白糖10克，老抽适量，虾仁250克，猪肉末40克

● 做法

① 虾仁去壳洗净，加猪肉末和盐、白糖、老抽拌匀成馅。

② 将面团下成大小均匀的面剂，擀成面皮；取一张面皮，放入20克馅料，再将面皮从外向里打褶包好；将包好的生坯醒发1小时左右，上笼蒸熟即可。

贵妃奶黄包

● 原料 面团200克，奶黄100克
● 做法
①将面团揉匀后下剂，压扁，擀成薄面皮，中间放上奶黄馅。
②将面皮从四周向中间包好，将封口处的面皮捏紧。
③上笼蒸6分钟至熟即可。

素斋包

● 原料 面团200克，豆腐干、香菇丁、红薯粉、青菜各20克，盐3克，鸡精、姜末、葱末、香油各10克
● 做法
①豆腐干洗净切丁；红薯粉洗净泡发后切碎；青菜洗净切碎。
②将豆腐干、红薯粉放碗中，加入香菇丁、姜末、葱末，放入盐、鸡精、香油拌匀，再加青菜碎拌匀成馅料。
③面团揉匀，搓长条后下成剂，按扁，擀成薄面皮，将馅料放入擀好的面皮中包好。
④做好的生坯醒发1小时，大火蒸熟即可。

芹菜小笼包

● 原料 面团500克，芹菜碎、猪肉末各40克，糖、老抽、生抽、盐各适量
● 做法
①将面团揉搓为圆形长条，再分切成小面团，将面团擀成中间稍厚、周边圆薄的面皮。
②将芹菜碎与猪肉末、所有调味料拌匀成馅料；取一张面皮，内放馅料，将面皮的一端向另一端捏拢，即成生坯；醒发后，上笼蒸熟即可。

🍴 榨菜肉丝包

● 原料 面团200克，榨菜丝50克，猪肉丝100克，姜15克，蒜10克，盐、鸡精各3克，食用油适量

● 做法

① 姜、蒜分别洗净切末，入油锅中爆香，放入榨菜、猪肉丝炒香后盛出，加盐、鸡精拌匀。

② 面团搓成长条，下成小剂子，撒上面粉，按扁，擀成薄面皮；将馅料放入面皮中央，捏成生坯；醒发后，以大火蒸熟即可。

🍴 香葱肉包

● 原料 面团200克，五花肉馅150克，葱花30克，盐、鸡精、香油各10克

● 做法

① 五花肉馅放入碗中加水搅拌至黏稠状，再加盐、鸡精、香油和葱花拌匀。

② 面团揉搓成长条，下剂，再擀成中间厚、边缘薄的面皮；将馅料放在擀好的面皮中央，包好即成生坯；醒发后，大火蒸熟即可。

🍴 家常三丁包

● 原料 面团200克，冬笋50克，猪瘦肉丁100克，香菇丁30克，盐3克，鸡精、香油各10克

● 做法

① 冬笋洗净切丁，与盐、鸡精、香油、猪瘦肉丁、香菇丁拌匀。

② 面团揉匀，下剂，按扁后擀成中间厚、边缘薄的面皮；将馅料放入擀好的面皮中央，包好即成生坯；醒发后，以大火蒸熟即可。

🍴 灌汤小笼包

● 原料　面团500克，肉馅200克，盐3克
● 做法
① 将面团揉匀后，搓成长条，再切成小面剂，用擀面杖将面剂擀成面皮；肉馅加盐拌匀。
② 取一面皮，放50克馅料，将面皮从四周向中间包好。
③ 包好以后，放置醒发半小时左右，再上笼蒸8分钟，至熟即可。

🍴 干贝小笼包

● 原料　面团300克，肉馅100克，干贝、盐各适量
● 做法
① 将面团揉透后，搓成长条，再切成面剂；干贝洗净，切成细粒；将肉馅、干贝、盐拌匀成馅。
② 将面剂擀成薄皮后，再放上适量馅料。
③ 将面皮包好，封口处捏紧，放置醒发半小时，上笼蒸7～8分钟即可。

🍴 蟹黄小笼包

● 原料　面团300克，蟹黄100克，猪肉200克，姜末、高汤、鸡精各适量
● 做法
① 猪肉洗净剁成末，拌入鸡精，加入蟹黄、姜末、少许高汤，拌匀制成馅。
② 将面团搓成长条，揪成小团，擀成圆皮，包入制好的馅，搓成鱼嘴形，即成小笼包生胚；醒发后，将小笼包放入蒸笼内蒸15～20分钟即可。

🍴 牛肉煎包

●原料 面粉100克，发酵粉10克，鲜牛肉100克，盐、白糖、食用油各适量

●做法

①面粉加少许水、白糖，放发酵粉和匀后擀成面皮。

②鲜牛肉洗净剁成泥状，加盐拌成馅，包入面皮中，包口捏成花状，折数不少于18次。

③锅中放油烧热，将包坯下入锅中，煎至金黄色即可。

🍴 瓜仁煎包

●原料 生包4个，瓜子仁20克，鸡蛋1个，淀粉、食用油各适量

●做法

①鸡蛋打散，加入淀粉拌匀成蛋糊。

②将生包底部蘸取蛋糊，再粘上洗净的瓜子仁。

③煎锅加油烧热，下入生包煎至包熟、瓜子仁香脆即可。

🍴 冬菜鲜肉煎包

●原料 面团500克，蛋清1个，葱花少许，肉末、冬菜末各200克，盐3克，食用油适量

●做法

①肉末和冬菜末内加入盐，拌匀成馅料。

②面团搓条，下成小剂，擀成薄皮。

③取面皮，放入馅料，包成形，上笼蒸熟，取出；包子顶部蘸上蛋清、葱花，煎至底部金黄；取锅内热油，淋于包子顶部，至有葱香味即可。

🍴 生煎葱花包

●原料 鸡蛋1个，面粉200克，发酵粉5克，砂糖15克，肉100克，盐4克，味精3克，葱花20克

●做法

①将面粉加入水、砂糖、鸡蛋、发酵粉，和成面团；肉洗净剁碎，加入盐、葱花、味精拌匀成馅。

②将面团分成均等的小份待用。

③将每小份面团擀成薄圆块，然后各包入适量肉馅，包成形，待发酵后煎熟即可。

🍴 芝麻煎包

●原料 面团500克，白芝麻100克，肉末200克，葱末、鸡精、盐各5克

●做法

①面团搓成条，切成小剂子，再擀成薄皮。

②肉末中加葱、鸡精、盐一起拌匀成馅。

③取一张面皮，放上馅料，包成形。

④将包子底部粘上洗净的白芝麻，醒发30分钟后，上笼蒸5分钟至熟，再放入煎锅中煎成两面金黄色即可。

🍴 京葱生煎包

●原料 糖、泡打粉各5克，面粉500克，京葱、香菇各50克，盐4克，鸡精、糖、泡打粉各5克，猪瘦肉200克，食用油适量

●做法

①将面粉加入糖、泡打粉和少许水搅拌匀后擀成厚薄适中的面皮。

②京葱洗净后留少许切成段，剩余部分与洗净的香菇切末；猪瘦肉剁泥拌入京葱末、香菇末，加盐、鸡精、糖拌匀成馅，用面皮包住馅，包成形。

③锅底放上京葱段，再放上包子蒸熟，取出放入煎锅中煎至底面金黄即可。

花卷
▶

🍴 葱花火腿卷

● 原料　面团500克，香葱粒20克，火腿粒40克

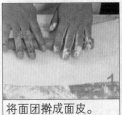

将面团擀成面皮。

将香葱粒、火腿粒放在面皮上。

将面皮对折起来。

将对折的面皮用刀先切一连刀，再切断。

把切好的面团拉伸。

将拉伸的面团绕圈。

打一个结后即制成生坯。

做好的生坯放置醒发1小时后，上笼蒸熟即可。

香芋卷

●原料 砂糖100克，低筋面粉、泡打粉、干酵母各适量，火腩、香芋各适量

1 面粉、泡打粉过筛开窝，中间加入糖、酵母、水。

2 拌至糖溶化，将面粉揉入。

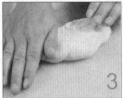

3 揉至面团光滑。

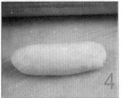

4 用保鲜膜包起，稍作松弛。

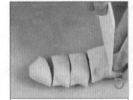

5 将面团切分成30克每个的小面团。

6 将小面团擀成长方形。

7 将切成块状的火腩、香芋包入成形。

8 排入蒸笼内，用猛火蒸8分钟即可。

圆花卷

●原料 面团300克，油15克，盐5克

1 取出面团，在案板上推揉至光滑。

2 用通心槌擀成约0.5厘米厚的面片。

3 均匀刷上一层油，撒上盐，用手拍平抹匀。

4 从边缘起卷成圆筒形。

5 切成每个50克左右的生坯。

6 用筷子从中间压下。

7 两手捏住两头向反方向旋转一周，捏紧剂口。

8 放入蒸笼蒸熟，取出摆盘即可。

燕麦杏仁卷

●原料 面粉、干酵母、燕麦粉、改良剂、泡打粉、砂糖、杏仁片各适量

1 面粉及其他原料混合后开窝，加入砂糖及水。

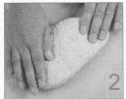

2 糖溶化后将面粉拌入，揉至面团光滑。

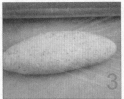

3 用保鲜膜包好，松弛后备用。

4 将松弛好的面团用擀面杖擀开。

5 将洗净的杏仁片撒在中间铺平。

6 把面团卷成长条形状。

7 切分成45克每个的小面团。

8 放入蒸笼，用大火蒸约8分钟即可。

火腿卷

● 原料 面团200克，火腿粒适量，香油10克，盐5克

面团揉匀。

擀成约0.5厘米厚的面片。

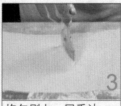

均匀刷上一层香油。

撒上盐抹平，均匀撒上火腿粒按平。

从边缘起将面片卷成圆筒形状。

切成2.5厘米宽、大小均等的生坯。

用两手拇指从中间按压下去。

做成火腿卷生坯，醒发15分钟即可入锅蒸熟。

牛油花卷

●原料　面团500克，牛油20克，白糖20克，椰浆10克

1

面团加白糖、椰浆揉匀，擀成面皮，牛油涂于面皮上。

2

将面皮从外向里卷成圆筒形。

3

将卷好的面筒搓至光滑。

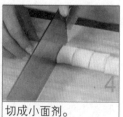

4

切成小面剂。

5

用筷子从面团中间按下去。

6

再将面团两头尾对折后翻起。

7

翻起后即成生坯。

8

将生坯放置案板上醒发1小时后，上笼蒸熟。

五香牛肉卷

●原料　面团500克，盐5克，白糖25克，味精、香油、五香粉各适量，牛肉末60克

用擀面杖将面团擀成薄面皮。

牛肉末中加所有调料拌匀成馅料，再涂于面皮上。

将面皮从外向里折，直至完全盖住牛肉馅。

将对折的面皮用刀先切一连刀，再切断。

将切好的面团拉伸，扭成花形。

将扭好的面团绕圈。

将面团打结后制成花卷生坯。

将生坯放于案板上醒发1小时左右，蒸熟即可。

燕麦葱花卷

●原料 低筋面粉、泡打粉、酵母、改良剂、燕麦粉、砂糖、葱花、生油各适量，盐少许

将所有原料加水拌匀，拌至糖溶化。

1

揉至面团光滑。

2

将面团用保鲜膜盖好，约松弛20分钟。

3

将面团用擀面杖压薄，抹上生油。

4

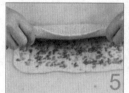

撒上葱花和少许盐，然后将面皮包起。

5

压实后用刀切成长条状。

6

搓成麻花状，每两条卷起成形。

7

排于蒸笼内，用猛火蒸约8分钟。

8

🍴 花生卷

● 原料 面团200克，花生碎50克，盐5克，香油10克

● 做法

①面团揉匀，擀成薄片，均匀刷上一层香油。

②撒上盐抹匀，再撒上花生碎，用手抹匀、按平；从边缘起卷成圆筒形，切成每个50克左右的面剂；用筷子从中间压下，两手捏住两头往反方向旋转。

③旋转一周，捏紧剂口即成花生卷生坯，醒发后入锅蒸熟即可。

🍴 葱花卷

● 原料 面团200克，葱花30克，香油10克，盐5克

● 做法

①面团揉匀，擀成片状，均匀刷上一层香油。

②撒上盐抹匀，再撒上一层拌匀香油的葱花，用手按平；从边缘向中间卷起，剂口处朝下放置；切成每个50克左右的生坯，用筷子从中间压下，两手捏住两头往反方向旋转。

③旋转一周，捏紧剂口即成葱花卷生坯，醒发15分钟后即可入锅蒸。

🍴 川味花卷

● 原料 面团200克，炸辣椒粉15克，盐3克

● 做法

①面团揉匀，用通心槌擀成薄片。

②均匀撒上炸辣椒粉，再撒上盐抹匀、按平。

③从两边向中间折起形成三层的饼状，按平；切成1.5厘米宽、大小均等的段，取2个叠放在一起，用筷子从中间压下。

④做成花卷生坯，醒发15分钟后入锅蒸即可。

双色花卷

●原料　面团500克，菠菜汁适量，椰汁适量，椰浆10克，白糖20克
●做法
①将300克面团揉成白面团。
②将椰汁、椰浆、白糖与剩余面团、菠菜汁混匀，和成菠菜汁面团。
③将菠菜汁面团和白面团分别擀成薄片，再将菠菜汁面置于白面皮之上，用刀先切一连刀，再切断。
④将面团扭成螺旋形后绕圈，打结即成生坯，放置醒发后蒸熟即可。

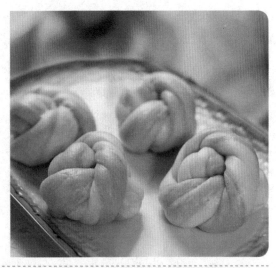

腊肠卷

●原料　面团500克，腊肠若干，糖适量
●做法
①把面团加糖揉匀，搓成条形。
②下成大小相等的小剂，将每个小剂子搓成条状。
③把细面条按顺时针方向完全缠住腊肠。
④将做好的腊肠卷放在案板上醒发1小时左右，上笼蒸熟即可。

肠仔卷

●原料　面团150克，火腿肠2根，糖适量
●做法
①面团加糖揉匀，用两手搓成条形。
②下成每个50克重的小剂，将每个小剂用双手揉成条状。
③左手拿火腿肠，右手拿面卷在火腿肠上，卷好后放入蒸笼，醒发后蒸熟即可。

水饺
▶

 韭菜水饺

●原料　面粉500克，韭菜、猪肉各100克，马蹄肉25克，盐3克，鸡精、糖各8克，猪油、香油、胡椒粉各少许

 面粉开窝，中间加入水。	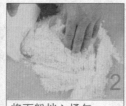 将面粉拌入揉匀。	 面团揉至光滑时，用保鲜膜包好，备用。	 馅料部分洗净切碎，拌匀备用。
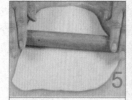 将面团松弛后用擀面杖压成薄皮。	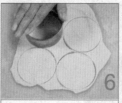 用模具压成饺皮。	 将馅料包入，然后捏紧收口，成形。	 将成形的饺子排入蒸笼，蒸约6分钟即可。

鱼肉大葱饺

● 原料　饺子皮500克，大葱碎100克，鱼肉300克，盐5克，味精4克，白糖8克，香油、生抽、老抽各少许

鱼肉洗净，剁成泥。

鱼肉内加入所有调味料一起拌匀成馅。

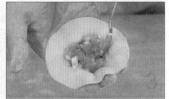

取一面皮，内放20克鱼肉馅。

将面皮对折包好，然后再包成三角形。

将面皮折好卷成三眼形，即成生坯。

放入锅中蒸8分钟至熟即可。

家乡蒸饺

●原料　面粉500克，韭菜200克，猪肉滑100克，盐1克，鸡精2克，糖3克，胡椒粉3克

1

面粉过筛开窝，加入水。

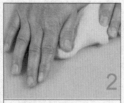

2

揉至面团光滑。

3

面团稍作松弛后分切成10克每个的小面团。

4

将小面团用擀面杖擀压成薄面皮备用。

5

馅料部分洗净切碎，与调味料拌匀成馅。

6

用薄皮将馅料包入。

7

收口捏紧，成形。

8

将饺子生坯排入蒸笼，用猛火蒸约6分钟。

墨鱼蒸饺

●原料　饺子皮500克，墨鱼300克，盐5克，味精6克，白糖8克，香油少许

墨鱼洗净，剁成碎粒备用。

加入所有调味料。

拌匀成馅。

取20克馅放于饺子皮之上。

将饺子皮从三个角向中间收拢。

包成三角形。

再捏成金鱼形，即成生坯。

将饺子生坯放入锅中，蒸8分钟至熟即可。

 玉米水饺

●原料　饺子皮500克，肉馅250克，玉米粒60克，盐、味精、糖、香油各3克，胡椒粉、生油各少许

玉米粒洗净，加入肉馅中。

加入所有调味料拌匀成馅。

取一饺子皮，放入大约20克的肉馅。

将饺子皮从三个角向中间一一折拢。

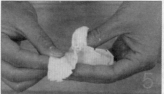

将三个角分别扭成小扇形。

将封口处掐紧，即成生坯，入蒸锅蒸8分钟至熟即可。

菠菜水饺

●原料　饺子皮500克，肉馅250克，菠菜100克，糖5克，味精、盐、香油各3克，胡椒粉、生油各少许

菠菜洗净，切成碎末状。

在切好的菠菜与肉馅内加入所有调味料一起拌匀成馅。

取一饺子皮，放入大约20克的肉馅。

将饺子皮的两角向中间折拢。

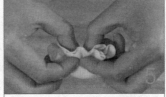

将中间的面皮折成鸡冠形。

将封口处的面皮捏紧，即成生坯。

🍴 鲜虾水饺

●原料　饺子皮500克，虾仁250克，盐、味精、香油各3克，糖5克，胡椒粉、生油各少许

●做法

①虾仁洗净，剁成虾泥。

②剁碎的虾泥内加所有调味料拌匀成馅料。

③取一饺子皮，内放20克的馅，将面皮对折，封口处捏紧，再将面皮从中间向外面挤压成形，最后下沸水中煮熟即可。

🍴 金针菇饺

●原料　饺子皮200克，肉馅300克，金针菇200克，盐4克

●做法

①金针菇洗净用沸水中氽烫，捞起后放冷水中冷却。

②将冷却的金针菇切粒，加盐与肉馅拌匀。

③取一饺子皮，内放适量金针菇馅，将面皮对折，捏紧成形，再下入沸水中煮熟。

🍴 冬笋水饺

●原料　饺子皮500克，肉末250克，冬笋粒100克，盐、味精、糖、香油各适量

●做法

①在冬笋粒与肉末内加入所有调料拌匀成馅。

②取一饺子皮，放入适量肉馅，将饺子皮的两角向中间折拢，折成十字形后捏紧。

③将边缘的面皮捏成波浪形，即成水饺生坯，再将水饺生坯放入锅中煮熟即可。

🍴 白菜猪肉饺

●原料　饺子皮150克，白菜、五花肉末各150克，盐3克，香油、姜末、葱末、鲜汤各适量

●做法

①五花肉末加香油拌匀，加入洗净切末的白菜、盐、姜末、葱末、适量鲜汤，用筷子拌匀，搅拌至肉馅上劲，即成白菜猪肉馅。

②饺子皮取出，包入白菜猪肉馅，做成木鱼状生水饺；锅中水煮开，放入生水饺煮熟即可。

🍴 冬菜鸡蛋饺

●原料　饺子皮150克，鸡蛋3个，冬菜100克，糖3克

●做法

①将鸡蛋打散煎成蛋皮，将煎好的蛋皮取出，切成蛋丝。

②在蛋丝与洗、切好的冬菜内加入糖，一起拌匀成馅料。

③取一饺子皮，内放20克的馅，将面皮对折，封口处捏紧，再将面皮边缘捏成螺旋形；把做好的饺子放入沸水锅中煮熟即可。

🍴 芹菜猪肉饺

●原料　饺子皮150克，芹菜、五花肉末各150克，盐2克，姜15克，葱20克，香油少许

●做法

①芹菜、姜、葱洗净剁成泥，加盐、五花肉末、香油拌匀成馅。

②将饺子皮取出，包入馅料，将面皮对折，封口处捏紧，再将面皮从中间向外面挤压成形；锅中水煮开，放入水饺煮熟。

✤ 萝卜鲜肉饺

●原料　饺子皮500克，肉末250克，胡萝卜、白萝卜各50克，盐5克，味精3克，糖8克

●做法

①胡萝卜、白萝卜洗净，均切成碎末，加入肉末、盐、味精、糖一起拌匀成馅。

②取一面皮，内放20克馅料，再取另一面皮，盖于馅料上，将两块面皮捏紧，将边缘扭成螺旋形；将做好的饺子放入锅中蒸熟。

✤ 菠菜鲜肉饺

●原料　饺子皮500克，菠菜100克，肉末150克，盐5克，糖7克，淀粉少许

●做法

①菠菜洗净，切成碎末，加入肉末、盐、糖、淀粉一起拌匀成馅料。

②取一饺子皮，内放20克馅料，将面皮包好，收口，再将面团扭成元宝形，把边缘捏紧。

③做好的饺子放入锅中蒸熟即可。

✤ 猪肉雪里蕻饺

●原料　饺子皮500克，猪肉末600克，雪里蕻100克，盐6克，白糖10克，老抽少许

●做法

①雪里蕻洗净切碎与猪肉末一同放入碗内，加入盐、白糖、老抽一起拌匀成馅料。

②取一饺子皮，放20克馅料，面皮从外向里捏拢，再将面皮的边缘包起，捏成凤眼形。

③放入锅中蒸6分钟至熟即可。

🍴 鸡肉大白菜饺

●原料 饺子皮200克，鸡肉250克，盐3克，白糖8克，淀粉少许，大白菜100克

●做法

①鸡肉洗净剁碎，大白菜洗净切成碎末；将盐、白糖、淀粉与鸡肉、白菜一起拌匀成馅料。

②取一饺子皮，内放20克馅料，将面皮从外向里折拢，将饺子的边缘捏紧，再将面皮捏成花边，即成生坯；将做好的饺子放入锅中蒸熟即可。

🍴 萝卜牛肉饺

●原料 饺子皮500克，牛肉末250克，胡萝卜粒15克，盐3克，糖10克，胡椒粉、生抽各少许

●做法

①胡萝卜粒、牛肉末加所有调料一起拌匀成馅。

②取一饺子皮，内放20克的牛肉馅，将面皮对折，封口处捏紧，再将面皮从中间向外面挤压成形。

③将水饺下入沸水锅中煮熟即可。

🍴 牛肉冬菜饺

●原料 饺子皮500克，牛肉末250克，冬菜15克，盐3克，糖、生抽各10克

●做法

①冬菜洗净切好，加入切好的牛肉末，再加入所有调料，一起搅拌均匀成牛肉馅。

②取一饺子皮，内放20克的牛肉馅，将面皮对折，封口处捏紧，再将面皮从中间向外面挤压成形；将水饺下入沸水中煮熟即可。

🍴 牛肉大葱饺

●原料 饺子皮500克，韭菜少许，牛肉泥300克，大葱粒80克，盐6克，糖5克

●做法

①牛肉泥、大葱粒内加入盐、糖拌匀成馅料；韭菜洗净。

②取一饺子皮，内放20克馅料，面皮从外向里收拢，封口处捏紧，再将顶上的面皮捏成花形；在水饺封口处用韭菜绑好，再入锅蒸熟即可。

🍴 猪肉韭菜饺

●原料 饺子皮300克，肉末600克，韭菜150克，盐6克，味精3克，白糖7克，老抽少许

●做法

①韭菜洗净，切成碎末，再加入盐、味精、肉末、白糖、老抽一起拌匀成馅。

②取一面皮，放入适量馅料，将面皮从四个角向中间收拢，先将其捏成四角形，再将面皮的边缘包起，捏成四眼形；将饺子放入锅中蒸熟即可。

🍴 鱼肉水饺

●原料 饺子皮150克，鱼肉泥75克，姜末、葱末各20克，盐2克，料酒少许

●做法

①鱼肉泥加盐、姜末、葱末、料酒，用筷子拌匀，搅拌至肉馅上劲，即成鱼肉馅。

②取一水饺皮，包入鱼肉馅，做成木鱼状生水饺坯；水煮开，放入生水饺，用大火煮至水饺浮起时，加水，煮至饺子再次浮起即可。

薄皮鲜虾饺

●原料　面团200克，馅料100克（内含虾肉、肥膘肉、竹笋各适量）

●做法

①将面团擀成面皮，再取适量馅料置于面皮之上。

②将面皮从四周向中间打褶包好。

③放置醒发半个小时后，上笼蒸7分钟，至熟即可。

虾仁韭黄饺

●原料　饺子皮500克，虾仁200克，韭黄100克，盐5克，味精3克，白糖8克，淀粉少许

●做法

①韭黄、虾仁洗净，切成粒，加入盐、味精、白糖、淀粉一起拌匀成馅。

②取一面皮，内放20克馅料，先将面皮从外向里捏拢，再将面皮的边缘包起，捏成形；将饺子的边缘扭成螺旋形，入锅中蒸熟即可。

蛤蜊饺

●原料　饺子皮200克，猪肉馅、蛤蜊肉粒、莴笋丝各100克，葱花15克，盐3克

●做法

①蛤蜊肉粒、莴笋丝加盐、葱花、猪肉馅拌匀成馅。

②取一饺子皮，内放适量馅料，再将面皮对折，捏成形，下入沸水中煮熟即可。

🍴 鱼翅灌汤饺

● 原料 饺子皮300克，鱼翅50克，干贝、带子、蟹柳、猪肉、白糖各适量，盐5克，鸡汤200克

● 做法

① 先将鱼翅、带子、蟹柳、干贝、猪肉洗净，切碎，加盐、白糖、鸡汤拌成馅。

② 将馅放入冰箱，冻半小时取出，然后用饺子皮包入拌好的馅。

③ 把包好的灌汤饺蒸熟即可。

🍴 三鲜凤尾饺

● 原料 菠菜200克，面粉300克，水适量，鱿鱼、火腿、鱼各10克，香菇5朵，蛋清3个，盐5克，葱花适量

● 做法

① 菠菜洗净，剁碎加水和面，擀成饺子皮。

② 把鱿鱼、火腿、香菇洗净切成丁；鱼去皮、刺，洗净剁碎；二者混合后加入蛋清、盐、葱花，拌匀成馅；用饺子皮包入馅，包成饺子。

③ 将饺子放入蒸锅内蒸熟即可。

🍴 荞麦蒸饺

● 原料 荞麦面400克，水适量，西葫芦250克，鸡蛋2个，虾仁80克，盐、姜末各5克，葱末6克

● 做法

① 荞麦面加水和成面团，下剂擀成面皮。

② 虾仁洗净剁碎，鸡蛋炒碎，西葫芦洗净切丝，用盐腌一下；在以上材料中加入盐、姜末、葱末和成馅料。

③ 取面皮包入适量馅料，包成饺子形，入锅蒸8分钟至熟即可。

翠玉蒸饺

●原料　菠菜200克，面粉500克，猪肉300克，盐、香油各2克

●做法

①菠菜洗净榨汁，和面粉搅和在一起，搓成淡绿色面团；猪肉洗净剁碎，和盐、香油调拌成馅。

②把面团搓成条，分切成大小相同的小剂子，擀成水饺皮，将猪肉馅包入饺子皮，捏成形。

③上笼用旺火蒸熟即可。

冬菜猪肉煎饺

●原料　饺子皮500克，冬菜50克，猪肉末400克，盐6克

●做法

①将猪肉末与洗净切好的冬菜一同放入碗内，加盐拌匀成馅。

②取一饺子皮，内放20克馅料，将饺子皮对折包好，再将封口处捏紧。

③将做好的饺子入锅蒸熟后取出，再入煎锅煎至金黄即可。

煎饺

●原料　饺子皮5个，猪肉30克，洋葱1个，包菜30克，韭菜50克，蒜、盐、蚝油、生抽各适量

●做法

①猪肉、蒜、洋葱、包菜、韭菜均洗净剁碎，一起搅拌均匀，再加入盐、蚝油、生抽搅拌均匀，制成馅料，包在饺子皮内。

②煎锅放油烧热，放入已包好的饺子煎至金黄、熟透即可。

馄饨 ▶

🍴 玉米馄饨

●原料　馄饨皮100克，玉米250克，猪肉末150克，葱20克，盐6克，香油10克

玉米剥粒洗净，葱洗净切花。

将玉米粒、猪肉末、葱花放入碗中，加盐拌匀。

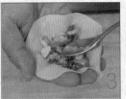
将大约20克馅料放入馄饨皮中央。

将馄饨皮两边对折，边缘捏紧。

将捏过的馄饨边缘前后折起。

捏成鸡冠状即可。

锅中注水烧开，放入包好的馄饨。

盖上锅盖煮3分钟，淋上香油即可。

萝卜馄饨

●原料 馄饨皮100克，白萝卜250克，猪肉末150克，葱20克，盐5克，白糖10克，香油10克

白萝卜去皮洗净切丝，葱洗净切花。

白萝卜丝、猪肉末、葱花放入碗中加调味料拌匀。

馅料放入馄饨皮中央，将馄饨皮两边对折。

将馄饨皮边缘捏紧。

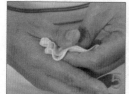

将捏过的边缘前后折起。

捏成鸡冠状即可。

锅中注水烧开，放入包好的馄饨。

盖上锅盖煮3分钟至熟，即可。

鸡肉馄饨

● 原料 馄饨皮50克，鸡胸脯肉100克，葱20克，盐5克，味精4克，白糖10克，香油少许

鸡胸脯肉洗净剁碎，葱洗净切花。

将鸡胸脯肉、葱花放入碗中加调味料拌匀。

将20克左右的馅料包入馄饨皮中央。

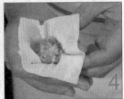

慢慢折起，使馄饨皮四周向中央靠拢。

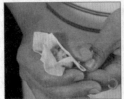

直至看不见馅料，再将馄饨皮捏紧。

捏至底部呈圆形。

锅中注水烧开，放入包好的馄饨。

盖上锅盖煮3分钟至熟即可。

牛肉馄饨

●原料 馄饨皮100克，牛肉200克，葱40克，盐5克，香油10克

牛肉洗净切碎，葱洗净切花。

将牛肉碎、葱花放入碗中加盐、香油拌匀。

将适量馅料放入馄饨皮中央。

慢慢折起，使馄饨皮四周向中央靠拢。

直至看不见馅料，再将馄饨皮捏紧。

捏至底部呈圆形。

锅中注水烧开，放入包好的馄饨。

盖上锅盖煮3分钟至熟即可。

🍴 包菜馄饨

●原料 馄饨皮100克，鲜肉末200克，包菜100克，葱花15克，盐适量

●做法

①包菜洗净后切粒，用盐略腌，挤干水分后加盐与肉末及葱花拌匀成馅料。

②取一馄饨皮，放适量馅料；将馄饨皮对折起来，再从两端向中间弯拢后捏紧，即可下入沸水中煮熟食用。

🍴 冬瓜馄饨

●原料 馄饨皮100克，鲜肉末150克，冬瓜300克，盐、味精、葱花各适量

●做法

①冬瓜去皮洗净，剁成细粒，用盐腌一下，挤干水分，加入盐、味精，再与肉末及葱花拌匀。

②取一馄饨皮，放适量馅料；将馄饨皮对折起来，再从两端向中间弯拢后捏紧，即可下入沸水中煮熟食用。

🍴 荠菜馄饨

●原料 馄饨皮300克，荠菜350克，夹心肉180克，姜末10克，葱末15克，黄酒、鸡汤各适量，紫菜50克

●做法

①夹心肉洗净绞碎，加入鸡汤、姜末、葱末、黄酒拌匀，再加入洗净切好的荠菜拌匀成馅。

②在馄饨皮内包入荠菜肉馅，制成生馄饨。

③锅中加水烧开，放入馄饨、紫菜煮熟即可。

🍴 蒜薹馄饨

●原料 馄饨皮100克，鲜肉末300克，蒜薹粒500克，盐、味精、油各适量
●做法
①将蒜薹粒的水分挤干，加盐、味精、油与肉末拌匀。
②取一馄饨皮，内放适量馅料，再将馄饨皮对折起来，从两端向中间弯拢后捏紧，即可下入沸水中煮熟食用。

🍴 羊肉馄饨

●原料 馄饨皮100克，羊肉100克，葱花50克，盐4克，味精4克，白糖16克，香油少许
●做法
①羊肉洗净剁碎，放入碗中，加葱花、盐、味精、白糖、香油拌匀成馅。
②将馅料包入馄饨皮中，捏紧，再将头部稍拉长，使底部呈圆形。
③馄饨放入开水锅中煮3分钟即可。

鲜虾馄饨

●原料 馄饨皮100克，鲜虾仁200克，韭黄20克，盐4克，味精4克，白糖8克，香油少许
●做法
①鲜虾仁洗净，对半剖开；韭黄洗净切粒。
②将虾仁、韭黄粒混匀，加入盐、味精、白糖、香油拌匀成馅，再包入馄饨皮中。
③馄饨放入开水锅中煮3分钟即可。

🍴 三鲜小馄饨

●原料　馄饨皮100克，猪肉150克，盐4克，蛋皮、虾皮、香菜末各50克，紫菜25克，高汤、香油各适量

●做法

①猪肉洗净，搅碎和盐拌成馅；把馄饨皮擀成薄纸的厚度，包入馅料，捏圆；虾皮、紫菜洗净，备用。

②在沸水中下入馄饨，加一次冷水即可，捞起入碗后，加蛋皮、虾皮、紫菜、香菜末和煮沸的高汤，淋上香油即可。

🍴 菜肉馄饨汤

●原料　馄饨皮100克，油菜120克，猪肉末300克，盐、姜末各适量，芹菜末、榨菜丝各10克，豆腐100克，油葱酥、白胡椒粉、香油、高汤各适量

●做法

①油菜洗净切碎，与猪肉末、姜末和盐拌匀成肉馅，包入馄饨皮中；豆腐洗净，切小块。

②高汤入锅煮沸，放入馄饨煮至浮起，再加入其余汤料，稍煮即可。

🍴 红油馄饨

●原料　馄饨皮100克，姜末、盐各适量，肉末150克，辣椒油（红油）、葱花各适量

●做法

①姜与肉末、盐一起拌成馅。

②取肉馅放于馄饨皮中央，将皮对角折叠成三角形，捏紧使馅朝上翻卷，再将馄饨皮向内压紧。

③馄饨用开水煮至浮起，加入辣椒油，撒葱花即可。

韭黄鸡蛋馄饨

●原料　馄饨皮100克，韭黄150克，鸡蛋2个，盐3克，食用油适量

●做法

①韭黄洗净切末；鸡蛋磕入碗中，加入韭黄末、盐搅拌匀，下入油锅中炒散制成馅。

②取1小勺馅放于馄饨皮中央，用手对折将皮捏紧。

③将馄饨逐个包好，入锅煮熟，汤中加盐调味即可。

鸡蛋猪肉馄饨

●原料　馄饨皮100克，猪肉50克，鸡蛋1个，盐2克，葱花10克，盐3克，西红柿、高汤各适量

●做法

①猪肉洗净剁成泥，加入盐、鸡蛋做成馅；盐、葱花放入碗中做成调味料，加入高汤；西红柿洗净切片。

②把馄饨皮包上馅料，放入开水中，加西红柿煮熟，捞至调味料碗里即可。

芹菜牛肉馄饨

●原料　馄饨皮100克，牛肉、芹菜各100克，姜末、葱末、盐各适量，鲜汤适量

●做法

①芹菜、牛肉洗净切末后，放入盐、姜末、葱末，用筷子按顺时针方向拌匀成黏稠状。

②取适量馅料放在馄饨皮中央，用手对折将皮捏紧，逐个包好。

③锅中加水及鲜汤煮开，放入馄饨煮熟即可。

🍴 鱼肉雪里蕻馄饨

●原料　馄饨皮100克，鱼肉250克，雪里蕻100克，盐3克，香油10克

●做法

① 鱼肉洗净剁成末，雪里蕻洗净切碎；将鱼肉、雪里蕻放入碗中，加入盐、香油拌匀。

② 将馅料放入馄饨皮中央，取一角向对边折起成三角形，将边缘捏紧。

③ 锅中注水烧开，放入包好的馄饨煮3分钟即可。

🍴 上海小馄饨

●原料　馄饨皮100克，盐、味精各适量，鸡胸脯肉150克，虾皮50克，榨菜30克，葱、香菜段、葱花、鲜汤、紫菜各适量

●做法

① 鸡胸脯肉、葱分别洗净切末，加入虾皮、榨菜、盐、味精调匀，用筷子按顺时针方向拌成黏稠状。

② 取馄饨皮逐个包入馅料。

③ 净锅烧开水，下入馄饨、紫菜，煮熟后，捞出盛入有鲜汤的碗中，再加入香菜、葱花即成。

🍴 鱼肉馄饨

●原料　馄饨皮150克，鲜肉末250克，鱼肉200克，韭菜50克，盐、淀粉各适量

●做法

① 鱼肉洗净后切粒，加入盐调味，搅拌均匀。

② 在鱼肉中加入淀粉，与已洗净切粒的韭菜及鲜肉末拌匀成鱼肉馅。

③ 取一馄饨皮，内放适量馅料，再将馄饨皮对折起来，从两端向中间弯拢捏紧，即可下入沸水中煮熟食用。

🍴 干贝馄饨

●原料 馄饨皮200克，鲜肉末500克，干贝50克，姜末10克，葱花15克，盐、黄酒适量

●做法

①干贝洗净切粒，加入盐、姜末、葱花及黄酒，再与肉末拌匀成馅料。

②取一馄饨皮，放适量馅料，再将馄饨皮对折起来，从两端向中间弯拢捏紧后，即可下入沸水中煮熟食用。

🍴 淮园馄饨

●原料 馄饨皮100克，五花肉末200克，盐、姜末、葱末各适量，韭黄段、冬笋粒各30克，香菜段少许

●做法

①肉末加盐、姜末、葱末搅拌均匀成肉馅。

②馄饨皮取出，取适量馅料放在馄饨皮中央，逐个包好；锅中加水烧开，下韭黄段、冬笋粒煮入味，盛入碗中；锅中再加水烧开，下入馄饨煮熟后捞出，盛入汤碗中，撒香菜段即成。

🍴 酸辣馄饨

●原料 馄饨皮100克，肉末200克，盐适量，香菜末3克，辣椒油、醋、香油、姜末、葱末、蒜末、鲜汤、盐各适量

●做法

①香菜末、姜末、葱末、蒜末加醋、辣椒油、香油、鲜汤、盐调匀放在碗里；肉末加盐放入碗内拌匀成馅。

②将馄饨皮包入馅料；净锅烧开水，下入馄饨煮至浮起，捞出盛入有汤料的碗中拌匀即可。

面条 ▶

🍴 牛肉黄瓜冷面

●原料 冷面面条400克，萝卜170克，黄瓜50克，牛肉300克，梨100克，鸡蛋120克，松子10克，糖40克，醋60克，蒜头20克，盐10克，细辣椒粉2克

将所有原料准备好。

牛肉、蒜均洗净放入沸水锅中煮至熟。

牛肉捞出切片，肉汤凉后撇去浮油，加盐调味。

黄瓜、萝卜、梨均洗净切片，萝卜加盐、糖、醋、细辣椒粉腌渍。

锅中水烧开后放入面条煮熟，捞出沥干。

面条放入碗中，摆上煮熟后对半切的鸡蛋以及所有其他原料。

猪大肠炒手擀面

●原料 猪大肠200克，韭黄10克，手擀面150克，盐4克，鸡精5克，蚝油20克，生抽10克，胡椒粉2克，香油8克，食用油适量

猪大肠洗净，切件；韭黄洗净，切段。

锅中加水烧开，放入手擀面。

用筷子搅散。

大火煮熟。

用漏勺捞出手擀面，沥干水分。

放入冷水中过凉。

油烧热，放入面、猪大肠、韭黄炒匀。

加入调味料炒至入味，淋入香油即可。

🍴 银芽冬菇炒蛋面

● 原料　银芽100克，泡发冬菇30克，韭黄10克，葱10克，蛋面150克，盐4克，蚝油10克，食用油适量

泡发冬菇洗净切丝；银芽洗净；韭黄洗净切段；葱洗净切花。

锅中加水烧开，放入蛋面，用筷子搅散。

将蛋面煮熟，用漏勺捞出。

放入凉水中过凉，捞出沥水。

油烧热，放入冬菇丝、蛋面、银芽炒香，加盐、蚝油炒匀。

再放入韭黄、葱花炒匀即可。

黑芝麻牛奶面

●原料　素面100克，黑芝麻、牛奶各适量，盐、蜂蜜各少许

黑芝麻洗净，沥干后用筛网筛除杂质。

锅烧热，倒入黑芝麻炒熟。

将黑芝麻放入臼杵中捣碎，放入碗中。

将牛奶倒入碗中，加盐、蜂蜜调好味道，滤出芝麻牛奶汁。

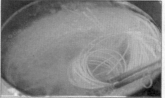

锅中注水烧开，下入素面煮至九成熟。

煮熟的素面用凉水过凉，放在碗中，再倒上芝麻奶汁即可。

🍴 鲜笋面

● 原料　魔芋面条200克，茭白100克，玉米笋100克，花菜30克，熟白芝麻5克，盐2克，鲍鱼风味酱油5克

● 做法

① 茭白洗净切片，玉米笋洗净对半切开，花菜洗净掰成小朵；将以上所有材料焯水烫熟。

② 魔芋面条放入开水中烫熟去味，捞出放入面碗内，加入茭白、玉米笋、花菜及剩余用料；锅内加水煮沸后倒入面碗中即可。

🍴 补气人参面

● 原料　面条90克，西红柿、秋葵各100克，火腿丝60克，参须5克，盐2克，香油2克，高汤300克

● 做法

① 将参须稍洗，放入盛有高汤的锅中煮沸即成药膳高汤；西红柿去蒂，洗净切片；秋葵去蒂，洗净切开；面条煮熟后放在碗中，加入盐。

② 药膳高汤锅中加入西红柿、秋葵煮熟，倒入面碗中，搭配火腿丝，淋上香油即可。

🍴 蔬菜面

● 原料　蔬菜面80克，胡萝卜40克，猪后腿肉35克，鸡蛋1个，盐、高汤各适量

● 做法

① 将猪后腿肉洗净，加盐稍腌，再放入开水中煮熟，切片备用。

② 胡萝卜洗净，削皮切丝，与蔬菜面一起放入高汤中煮开，再将鸡蛋打入，加盐后放入肉片至熟即可。

红烧牛筋面

●原料　面条250克，牛筋、小白菜各适量，盐3克，香油10克，葱末、蒜末、姜片各少许，酱油、牛肉汤汁各适量

●做法

①小白菜洗净切段后焯烫。

②牛筋洗净切大块，加水、蒜末、酱油、盐、姜片烧开后，转小火续焖煮至牛筋软烂。

③面先煮熟，置于碗内，加入软烂的牛筋、牛肉汤汁、小白菜、葱末、香油即可。

火腿鸡丝面

●原料　阳春面250克，鸡肉200克，火腿丝150克，韭菜花段200克，酱油、淀粉、柴鱼粉、盐、高汤、食用油各适量

●做法

①鸡肉洗净切丝，加酱油、淀粉腌10分钟，入锅炒熟。

②起油锅，放入韭菜花段稍炒后，加火腿丝拌炒，再加柴鱼粉、盐一起炒熟；高汤烧开，将面条煮熟，再加入炒好的材料即可。

打卤面

●原料　面条90克，鸡蛋1个，五花肉片、香菇片、虾仁、木耳、白菜段、胡萝卜丝各适量，酱油、盐、醋、葱段、淀粉、食用油各适量

●做法

①虾仁洗净，沥干备用；肉片用酱油、淀粉腌5分钟；面条煮熟备用；鸡蛋打成蛋液。

②起油锅，下香菇片、葱段、肉片、木耳、胡萝卜丝炒香，加水、白菜段、虾仁及酱油、盐、醋烧熟，淋上蛋液至凝固，加面条拌匀即可。

🍴 凉拌通心面

●原料　火腿片2片，通心面1碗，生菜叶2片，鸡蛋1个，橄榄油10克，盐少许

●做法

①锅中加水，下通心面煮沸，转中火续煮5分钟，将面捞起倒入冷开水中浸凉后捞起。

②鸡蛋煮熟后捞起，蛋白切丁，蛋黄碾碎；生菜洗净拭干后切细片。

③将通心面、蛋白丁、蛋黄碎、火腿片、生菜叶、盐加橄榄油拌匀即可。

🍴 三鲜烩面

●原料　面条250克，虾仁200克，海参1条，肉片150克，香菇4朵，荷兰豆适量，酱油、盐、葱段、姜丝、高汤、淀粉各适量

●做法

①香菇泡发，洗净切片；荷兰豆洗净；肉片加酱油、淀粉腌渍；虾仁洗净；海参洗净，加葱段、姜丝、水煮约5分钟；面条煮熟捞出。

②香菇、肉片、荷兰豆、葱段、海参入锅拌炒，加虾仁、高汤、酱油、盐煮熟，加面条即可。

🍴 锅烧面

●原料　乌龙面250克，鸡蛋1个，五花肉片、虾、鱼板、香菇丝、高汤、青菜各适量，酱油10克，淀粉5克，鸡精3克，盐少许，胡椒粉2克，香油、葱末各适量

●做法

①鱼板切片；肉片用酱油、淀粉腌约10分钟；虾洗净；青菜洗净，与鱼板一起氽烫。

②另用小锅水煮荷包蛋；高汤煮开，放乌龙面、五花肉片、鱼板、虾、香菇丝煮熟，加剩余原料及调料即可。

🍴 酸菜肉丝面

●原料　碱水面100克，瘦肉50克，酸菜30
克，包菜15克，上汤250克，鸡蛋清30克，
盐、淀粉、姜丝、葱、香菜段、食用油各适量
●做法
①瘦肉洗净切细丝，加入淀粉、鸡蛋清、盐调
匀；酸菜洗净切丝；葱洗净切花；包菜洗净。
②油烧热，放入姜丝、葱花、包菜、酸菜丝炒
香，加入上汤，放入肉丝制成汤料后盛出。
③将面煮熟，捞出盛入碗中，淋上汤料，撒上
香菜段。

🍴 雪里蕻肉丝面

●原料　面200克，雪里蕻20克，肉100克，酱
油3克，香油5克，香菜段10克，食用油适量
●做法
①雪里蕻清洗干净后切成段；肉洗净切丝。
②锅内注适量清水，水沸后将面放入焯熟，捞
出装入碗内；另一锅注少许油烧热，放入雪里
蕻、肉丝、酱油炒香盛出；面碗内注入面汤，
将炒好的雪里蕻、肉丝倒在面上，撒上香菜
段，淋上香油即可。

🍴 粉蒸排骨面

●原料　碱水面100克，排骨100克，上汤250
克，盐、糖、米粉、葱、料酒、酱油、豆瓣
酱、辣椒油、醪糟、豆腐乳各适量
●做法
①排骨洗净剁成小块；葱洗净切花。
②将剁好的排骨加入米粉、豆瓣酱、醪糟、
料酒、糖拌匀，上蒸笼蒸熟。
③将面煮好，加入盐、酱油、辣椒油、上汤、
豆腐乳拌匀，再将蒸熟的排骨盖于面上，撒上
葱花即可。

🍴 鲜虾云吞面

● 原料 鲜虾云吞100克，面条150克，生菜30克，葱少许，牛骨汤200克

● 做法

① 将云吞下入开水中煮熟待用；葱洗净切花。

② 面条下锅煮熟，捞出至牛骨汤中。

③ 面条中加入云吞及葱花、生菜即成。

🍴 鱼皮饺汤面

● 原料 鱼皮饺100克，面条150克，生菜30克，葱少许，牛骨汤200克

● 做法

① 将成品鱼皮饺下入开水中煮熟待用；葱洗净切花。

② 面条下锅煮熟，捞出倒入牛骨汤中。

③ 面条中加入鱼皮饺、生菜、葱花即成。

🍴 红烧排骨面

● 原料 碱水面120克，排骨100克，盐、糖、香菜段、辣椒油、姜丝、蒜片、花椒、豆瓣酱、食用油各适量，原汤200克

● 做法

① 排骨洗净，斩成小段，汆水后捞出。

② 油锅烧热，爆香姜丝、蒜片，加入汆烫过的排骨，加盐、糖、豆瓣酱、花椒、辣椒油炒香至熟后盛出；原汤烧开将面煮熟，面条捞出装入碗中，放上炒香的排骨，撒上香菜段即可。

🍴 红烧牛肉面

●原料 碱水面200克，牛肉200克，盐3克，
酱油5克，香料、豆瓣酱、香菜段、鲜汤、食用
油各适量，蒜片、葱花、辣椒油各10克

●做法
①牛肉洗净切块，入开水锅汆烫。
②油烧热，爆香香料、豆瓣酱、蒜片，加牛
肉炒香，再加鲜汤、盐、酱油和辣椒油。
③面条煮熟捞出盛入碗中，放入烧好的牛肉
及汤，撒上香菜段和葱花即可。

🍴 叉烧面

●原料 面条、叉烧各200克，鱼板半块，青
菜适量，香油、酱油、葱花各适量，盐、胡
椒粉各少许，高汤300克

●做法
①叉烧、鱼板切片；青菜洗净切段。
②面条煮熟；青菜、鱼板汆烫熟。
③碗内放入葱花、酱油、盐、高汤，再放入面
条、青菜、鱼板，摆上叉烧，加入胡椒粉，淋
上香油即可。

🍴 鸡丝菠汁面

●原料 鸡肉75克，韭黄50克，菠汁面150克，
盐3克，味精2克，香油少许，胡椒粉1克，
上汤400克，食用油适量

●做法
①鸡肉洗净切丝；韭黄洗净切段。
②锅中注油烧热，放入鸡肉丝，加盐、味精、
胡椒粉、上汤煮入味，盛入碗中。
③锅中水烧开，放入菠汁面，用筷子搅散，煮
熟，用漏勺捞出，沥干水分后放入盛有上汤的
碗中，撒上韭黄，淋上香油即可。

🍴 香菇西红柿面

●原料　香菇、西红柿各30克，切面100克，盐少许

●做法

①香菇洗净，切成小丁，放入清水中浸泡5分钟。

②西红柿洗净，切成小块。

③将香菇、西红柿和切面一起煮熟，加盐调味即可。

🍴 什锦菠菜面

●原料　菠菜面80克，虾仁40克，旗鱼40克，鸡肉40克，青菜30克，胡萝卜10克，盐1克，酱油2克，香油4克

●做法

①胡萝卜去皮切丝；青菜洗净，切小段。

②鸡肉、旗鱼洗净，切薄片状；虾仁洗净，沥干备用。

③锅内加水煮滚，放入面条煮熟，再加入所有食材煮熟，最后加调料调味即可。

🍴 西红柿猪肝菠菜面

●原料　鸡蛋面120克，西红柿1个，菠菜25克，猪肝60克，盐4克，胡椒粉3克，食用油适量

●做法

①猪肝、西红柿洗净切片；菠菜洗净。

②锅入油烧热，下入猪肝、菠菜，炒熟后盛出。

③锅中加水烧开，下入面条，待面条熟后，下入炒好的猪肝、菠菜，再放入西红柿煮熟，加调料调味即可。

🍴 尖椒牛肉面

● 原料　拉面250克，牛肉40克，盐3克，青椒片、红椒片各40克，香菜、葱各少许，牛骨汤200克，食用油适量

● 做法

① 香菜、葱均洗净切末；牛肉洗净切片。

② 锅入油烧热，将青椒片、红椒片下锅炒香，再倒入牛肉炒匀，加盐，一起炒至熟。

③ 拉面下入沸水中煮熟，捞入盛有牛骨汤的碗中，再将炒好的尖椒牛肉加入拉面中，撒香菜末、葱末即可。

🍴 家常炸酱面

● 原料　碱水面200克，瘦肉200克，盐3克，酱油少许，味精2克，葱适量，白糖4克，甜面酱20克，辣椒油10克

● 做法

① 瘦肉洗净剁碎；葱洗净切花。

② 将碎肉加甜面酱炒香至呈金黄色，盛入碗中备用；将除葱花外的其他调料也一并倒入碗中，拌匀成炸酱。

③ 碱水面下锅煮熟，盛入碗中，淋上炸酱，撒上葱花即可。

🍴 担担面

● 原料　碱水面120克，猪肉100克，姜末、葱花、辣椒油、料酒各10克，盐2克，甜面酱、花椒粉、食用油各适量，上汤250克

● 做法

① 猪肉洗净，剁碎。

② 锅置火上，下油烧热，放入肉碎炒熟，再加除上汤、葱花、面条外的全部用料炒至干香，盛碗备用。

③ 将面煮熟，盛入放有上汤的碗内，加入炒好的猪肉碎，撒上葱花即可。

粉
▶

🍴 咖喱炒河粉

●原料 河粉200克，火腿丝、红椒丝、橙子、圣女果各适量，盐、咖喱粉、熟芝麻、葱丝、食用油各适量

●做法

①橙子洗净，切片摆盘；圣女果洗净，对半切开，摆盘。

②锅入油烧热，先下入红椒丝、火腿丝略炒，再下入河粉翻炒至熟，倒入所有调味料炒匀即可。

✕ 火腿丝炒米粉

●原料 米粉500克，火腿丝100克，葱丝50克，盐3克，味精2克，食用油适量

●做法

①将米粉放入水中浸泡至软。

②将火腿丝、葱丝改刀成细丝。

③锅入油烧热，下入米粉炒散后，再加入火腿丝、葱丝一起炒熟，最后调入盐、味精炒匀即可。

✕ 南瓜炒米粉

●原料 南瓜、米粉各250克，鲜虾仁、猪肉各200克，盐3克，葱花、食用油适量

●做法

①南瓜削皮，切开，去籽洗净，刨成丝；猪肉洗净，切成肉丝；虾仁洗净。

②油锅加热，放入虾仁炒至发白，先盛起，续下肉丝炒香；加入南瓜炒匀，加盐调味，再加水将南瓜煮熟；加入米粉拌炒至收汁，再下虾仁、葱花炒匀即成。

🍴 蛋炒米粉

●原料　米粉40克，胡萝卜丝100克，鸡蛋1个，韭菜段、豆芽各少许，盐2克，酱油4克，食用油适量

●做法

①米粉泡发好后捞出，沥干水分；鸡蛋打散，拌匀；豆芽洗净，切段。

②油锅烧热，倒进鸡蛋炸成蛋花，放入米粉炒熟，加盐、酱油调味，盛入盘中。

③韭菜段、豆芽、胡萝卜丝焯水后捞出，撒入盘中即可。

🍴 包菜粉丝

●原料　粉丝40克，包菜100克，盐3克，辣椒油4克

●做法

①粉丝泡发15分钟；包菜洗净，切成丝。

②锅注水烧开，下入粉丝煮透，捞出，沥干水后放入盘中；将包菜放入开水锅中稍焯，捞出入盘。

③加盐、辣椒油调味，即可食用。

🍴 香炒粉丝

●原料　泡发米粉丝150克，肉末60克，泡发黑木耳、胡萝卜、圆白菜各适量，盐、生抽、食用油各适量，青椒、红椒各15克

●做法

①黑木耳洗净，切末；胡萝卜、圆白菜、青椒、红椒均洗净，切丝。

②炒锅烧热，先炒熟肉末，盛出，再倒入切好的材料翻炒；粉丝入锅同炒至熟，倒入肉末，加盐、生抽炒匀即可。

🍴 干炒牛肉河粉

●原料 河粉皮150克，熟牛肉90克，辣椒少许，盐、五香粉、酱油、食用油各适量，葱段少许

●做法

①河粉皮泡发后捞出沥水，切成1厘米宽的长条；辣椒去籽，洗净切细条；熟牛肉切好。

②油锅烧热，下入河粉翻炒一会儿，倒入辣椒，加酱油调色，炒至熟，加盐、五香粉调味后入盘，撒上葱段、熟牛肉即可。

🍴 洋葱炒河粉

●原料 河粉皮100克，牛肉200克，洋葱片、豆芽各适量，熟芝麻少许，盐、辣椒粉各3克，醋4克，葱段15克，食用油适量

●做法

①河粉皮泡发后捞出沥干，切成小段；牛肉洗净，切片；豆芽洗净，切段。

②油锅烧热，下牛肉炒至五成熟，放河粉皮、洋葱、豆芽翻炒，倒入葱段炒匀，加盐、辣椒粉、醋调味，盛入盘中，撒上熟芝麻即可。

🍴 牛肉炒河粉

●原料 水发河粉250克，牛肉200克，盐3克，辣椒粉、醋各5克，葱段少许，食用油适量

●做法

①水发河粉沥干后，剪成细条；牛肉洗净，切片。

②锅注油烧热，放入牛肉爆香，倒入河粉炒熟，下葱段翻炒1分钟。

③加盐、辣椒粉、醋调味，盛入盘中即可。

🍴 金湘玉飘香粉丝

●原料 粉丝、洋葱各50克，包菜100克，干椒少许，盐、白醋、食用油各适量

●做法

①粉丝泡发后捞出沥干水分；洋葱去皮，洗净切丝；包菜洗净切丝；干椒洗净切段。

②油锅烧热，炝香干椒，下包菜、洋葱翻一会儿，倒入粉丝炒熟。

③加盐、白醋调味后，盛入盘中即可。

🍴 牛肉河粉

●原料 河粉皮100克，卤牛肉片150克，洋葱少许，盐2克，醋、香油各3克，辣椒粉4克，食用油适量

●做法

①河粉皮泡发后捞出沥水，切成细条；洋葱洗净，切圈。

②油锅烧热，放河粉皮炒熟，加盐、醋、辣椒粉调味，倒入盘中；洋葱放入开水中微焯，捞入盘中；将卤牛肉片摆在盘中，淋上香油即可。

🍴 鸡蛋河粉

●原料 河粉皮100克，牛肉150克，鸡蛋1个，盐、生抽、辣椒油、葱白段、熟芝麻、食用油各适量

●做法

①河粉皮泡发20分钟后捞出沥水，切成长条；牛肉洗净，切片；鸡蛋打散，加盐搅拌成蛋汁，煎成饼状，切丝。

②油锅烧热，下牛肉炒香，倒入河粉翻炒至熟，加盐、生抽、辣椒油调味，起锅放入盘中，撒上葱白段、熟芝麻、鸡蛋丝即可。

🍴 川香凉粉

● 原料 红薯粉300克，黄瓜100克，花生仁少许，盐3克，辣椒粉5克，辣椒油10克，葱花、食用油各适量

● 做法

① 红薯粉用水洗去杂物，切成长度合适的条状；黄瓜洗净，切成丝；花生仁洗净，沥干。

② 将切好的红薯粉堆放在盘中，撒上黄瓜丝。

③ 油锅烧热，下入花生仁炸熟，放入盐、辣椒粉、辣椒油调味，起锅盛入盘中，撒上葱花即可。

🍴 怪味拉皮

● 原料 拉皮3张，怪味豆1袋，红椒少许，盐、辣椒油各3克，醋5克，老干妈酱25克，葱花少许，食用油适量

● 做法

① 拉皮洗净切成细条状；红椒去蒂，洗净切圈；怪味豆撕开，取出。

② 将拉皮放入开水锅中焯熟，捞起入盘。

③ 净锅注油烧热，加盐、辣椒油、醋、老干妈酱，制成味汁，淋入盘中，撒上怪味豆、红椒和葱花即可。

🍴 东北大拉皮

● 原料 拉皮3张，辣椒酱、芝麻酱、食用油各适量，蒜、葱各少许

● 做法

① 拉皮切成宽度为2厘米的条；蒜去皮，洗净剁碎；葱洗净，切花。

② 锅中加水烧开，下入拉皮稍焯，捞出入盘。

③ 油锅烧热，炝入蒜，加辣椒酱调味，倒入盘中，淋上芝麻酱，撒上葱花即可。

🍴 大拌拉皮

●原料 黄瓜丝250克，拉皮120克，白糖
10克，盐3克，醋、味精、大蒜、生抽、青椒
末、葱、香菜、辣椒油各适量
●做法
①香菜、葱、大蒜均洗净，切末；拉皮冲洗
干净，切段，用温水浸泡。
②将所有调味料装入碗中，拌匀。
③将拉皮和黄瓜丝放入装有调味料的碗里，
拌匀即可。

🍴 凉皮

●原料 小麦面团250克，洗好的菠菜、黄
瓜丝、黄豆芽各适量，盐、味精各3克，生
抽、醋、食用油各适量
●做法
①黄豆芽、菠菜焯熟；面团放入凉水盆中，
慢慢揉动直至水变成白色；将面水放置沉淀
后倒去清水，面水舀入刷过油的盆中煮5分钟
出锅。
②将煮好的面水擀成面皮，切丝，和其余材
料及所有调味料拌匀即可。

🍴 豆芽米粉

●原料 米粉50克，豆芽100克，盐2克，辣
椒油10克，蒜苗少许，食用油适量
●做法
①米粉泡20分钟，捞起沥干；豆芽洗净，切
段；蒜苗洗净，切段。
②油锅烧热，下入豆芽翻炒，倒入米粉炒至
八成熟时，放入蒜苗，炒熟。
③加盐、辣椒油炒匀，入盘即可。

🍴 川味拉皮

●原料 拉皮150克，黄瓜80克，盐3克，熟白芝麻、红椒、香油、白糖、胡椒、豆瓣酱、高汤各适量

●做法

①拉皮用沸水焯一下，切段，再放入凉开水中浸透后捞出，沥水装碗。

②黄瓜、红椒均洗净切丝，摆入装有拉皮的碗内；豆瓣酱、胡椒、白糖、高汤、盐、香油倒入锅中调制成酱汁，淋入碗内，撒入白芝麻即可。

🍴 泡菜炒粉条

●原料 粉条150克，泡菜30克，青、红椒各20克，盐3克，干辣椒10克，香油、鸡精、食用油各适量

●做法

①泡菜洗净切丝；青、红椒均洗净切丝；干辣椒洗净切段；粉条用热水泡软，捞出备用。

②油锅烧热，爆香干辣椒，下入粉条、泡菜、青红椒翻炒至熟，加盐、鸡精调味，淋上香油即可。

🍴 过桥米线

●原料 米线300克，鱼片、豆苗、平菇、猪肉、牛肉、鸡蛋、海苔、虾米、凤爪、鸭掌、榨菜、烟笋、五花肉、火腿、毛肚、豆干、香菜、虾仁、豆芽各适量，鸡汤500克

●做法

①除米线外，所有材料分别洗净处理后装碟。

②鸡汤入锅煮沸，米线放入鸡汤内煮熟，依据个人口味添加材料烫熟同食即可。

🍽 金汤肥牛河粉

●原料　河粉350克，牛肉200克，尖椒、泡椒各少许，盐3克，上汤1000克，食用油适量

●做法

①牛肉洗净，斩件后飞水；尖椒洗净，切段；泡椒去蒂，洗净。

②油锅烧热，倒入上汤，下入泡椒、牛肉烧开，放入河粉煮熟。

③加盐调味，撒上尖椒即可。

🍽 鸡蛋炒米粉

●原料　水发米粉150克，鸡蛋1个，虾仁适量，盐、味精各2克，葱花少许，食用油适量

●做法

①水发米粉沥干水分；鸡蛋打散；虾仁洗净。

②锅注水烧开，下入虾仁氽熟，捞起备用；净锅后入油烧热，下入鸡蛋煎至六成熟，倒入水发米粉，炒匀，再放入虾仁翻炒1分钟。

③加盐、味精调味，撒上葱花即可。

🍽 番茄肉酱通心粉

●原料　通心粉150克，洋葱、番茄各20克，肉末50克，芹菜叶适量，番茄酱20克，奶酪丁、橄榄油各少许

●做法

①番茄洗净，剥皮切丁；芹菜叶洗净切碎；洋葱剥皮，洗净切丁。

②通心粉煮熟后装盘，加入少许橄榄油搅拌。

③洋葱入锅爆香，加入番茄酱、番茄丁、肉末、奶酪丁拌炒熟，浇在通心粉上，撒上芹菜叶末即可。

🍴 肉末炒粉皮

●原料 猪肉50克，粉皮150克，盐3克，青椒、红椒各15克，食用油、大蒜、生抽、陈醋各适量

●做法

① 青椒、红椒均洗净，去籽，切丁；大蒜、猪肉分别洗净，均剁成末；粉皮洗净切段。

② 油锅烧热，倒入蒜末、陈醋煸香，下入肉末同炒，再下入粉皮翻炒。

③ 炒熟后，加盐、生抽、青红椒丁炒匀。

🍴 蛤肉粉丝

●原料 熟蛤肉150克，黄瓜丝100克，胡萝卜丝50克，粉丝40克，盐、醋、蛋黄酱、芥末粉各适量

●做法

① 蛤肉撕成细条放入盘中；粉丝洗净，浸水10分钟。

② 锅中倒入水烧开，分别下入粉丝、黄瓜丝、胡萝卜丝烫熟，捞起沥水后入盘。

③ 加盐、醋、蛋黄酱、芥末粉拌匀即可。

🍴 带子拌菠菜粉

●原料 菠菜、意大利粉各150克，带子、面粉各10克，洋葱1个，盐3克，胡椒3克，牛油50克

●做法

① 菠菜洗净切段；洋葱洗净切碎；意大利粉煮熟，捞出沥干水分。

② 牛油烧热，放洋葱、菠菜一起炒香，再加入意大利粉一起炒熟，加盐、胡椒炒匀后装盘。

③ 将带子裹上面粉扒熟，摆在意大利粉上即可。

Part 4

中西各式名小吃,其实没您想的那么难

　　本章将为大家介绍一些中式小吃和西式小吃的做法。中式小吃是中国传统饮食文化不可缺少的一部分,向来深受人们喜爱。它是用中国传统工艺加工制作的小吃点心,特点是讲究面皮与馅料种类的丰富多样,烹饪上有煎、炸、蒸、烤等多种方法,甜咸兼备,口感丰富。西式小吃是采用西式制作方法烘焙的食物。很多人认为西式小吃的制作有点麻烦,其实不然,只要肯花时间和心思,学会正确的制作技巧,就能做出美味可口的西式小吃!

中式小吃 ▶

🍴 七彩水晶盏

●原料 澄面90克，淀粉400克，清水适量，西芹、胡萝卜、虾仁、冬菇、云耳、猪肉各50克，盐3克，糖7克，香油少许

1 清水煮沸，加入淀粉、澄面。

2 烫熟后倒在案板上。

3 搓至面团光滑。

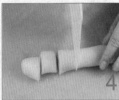

4 将面团切分成小面团，压薄备用。

5 馅料均洗净切碎，加入调味料拌匀即可。

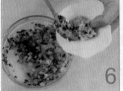

6 用薄皮包入调好的馅料。

7 将包口收紧捏成形，放入锡模具内。

8 用旺火蒸大约8分钟至熟即可。

水晶叉烧盏

●原料　澄面90克，面粉100克，粟粉50克，淀粉适量，热水550克，叉烧250克，盐8克，砂糖10克，鸡精7克，蚝油15克

澄面、面粉、粟粉、淀粉混合，用热水烫熟。

倒在桌子上。

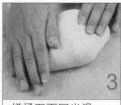

搓揉至面团光滑。

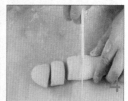

搓成长条状，分切成每个30克的小面团。

将面团擀成圆形薄皮。

叉烧切碎与调料拌匀成馅，再用面皮包入馅料。

收口捏紧，放入锡模具内。

放入蒸笼内稍加松弛，用大火蒸约8分钟。

黑糯米盏

●原料 黑糯米250克，红樱桃适量，白糖100克，油20克

1

黑糯米洗净，装入碗中，加水，放入蒸笼蒸透。

2

黑糯米取出后加入白糖拌匀。

3

再加入油。

4

拌至完全混合有黏性。

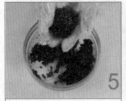

5

搓成团。

6

放入圆盏内。

7

摆放于碟中。

8

再用红樱桃装饰即可。

冬瓜蓉酥

●原料　蛋黄液适量，由面团、酥面按1:1的比例制成的酥皮200克，冬瓜条50克

将冬瓜条切成蓉。

取一张酥皮，放入切好的冬瓜蓉。

将边缘向中间折起，捏紧。

搓成椭圆形。

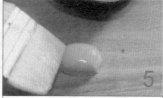

均匀地扫上一层蛋黄液。

放入烤箱中，用上火200℃、下火150℃的炉温烤10分钟即可。

豆沙麻枣

●原料 糯米粉500克，糖、猪油各150克，澄面150克，豆沙馅250克，芝麻、食用油适量

将水、糖放在一起煮开，加入糯米粉、澄面。

2 澄面、糯米粉烫熟后倒扣在案板上搓匀。

3 加入猪油搓至面团光滑。

4 将面团搓成长条。

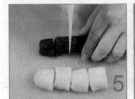

5 再切分成30克每个的小面团，切好豆沙馅。

6 将小面团压薄，包入豆沙馅。

7 粘上芝麻。

8 以150℃的食用油炸至浅金黄色即可。

豆沙扭酥

●原料　面团、酥面各125克，蛋黄液适量，豆沙250克

将面团擀薄，酥面擀至面片一半的大小。

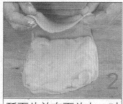
酥面片放在面片上，对折后擀薄。

再次对折、擀薄。

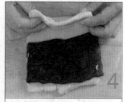
豆沙擀至面片一半大小，放在面片上对折。

切成条形。

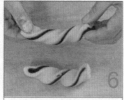
拉住两头旋转，扭成麻花。

均匀地扫上一层蛋黄液。

放入烤箱中烤10分钟，取出即可。

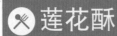

莲花酥

●原料 中筋面粉250克，细糖40克，全蛋50克，猪油30克，莲蓉、蛋黄液各适量，猪油40克，低筋面粉130克

1 中筋面粉开窝，加入细糖、猪油、蛋和水。

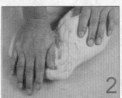

2 拌至糖溶化，将中筋面粉拌入，搓成光滑的面团。

3 用保鲜膜包起，松弛备用。

4 用猪油、低筋面粉揉成油心，备用。

5 将面皮、油心按3:2的比例，切成小面团。

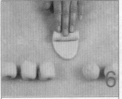

6 用面皮包入油心，擀开后卷成条状。

7 折起成三折，擀薄，包入莲蓉馅。

8 扫蛋黄液，切十字形，入烤箱烤熟即可。

 笑口酥

●原料 糖粉、全蛋各150克，高筋面粉75克，低筋面粉340克，酥油38克，泡打粉11克，淡奶油38克，芝麻、食用油各适量

1
酥油与过筛的糖粉混合搓匀。

2
分次加入全蛋、淡奶油搓匀。

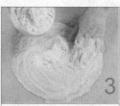
3
加入泡打粉、高筋面粉、低筋面粉搓匀。

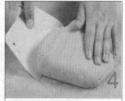
4
搓揉至面团光滑。

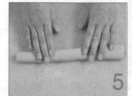
5
搓成长条状。

6
分割成小等份。

7
搓圆后放入装满芝麻的碗中。

8
面团粘满芝麻，入锅炸成金黄色即可。

🍴 苹果酥

● 原料 苹果1个，面粉200克，白芝麻适量，白糖15克，杏子酱20克

● 做法

①苹果去皮洗净，入锅中煮软，打成泥，再与面粉、糖兑适量水揉匀。

②将揉匀的面团用擀面杖擀成饼状，将杏子酱涂抹在饼上，再撒上洗净的白芝麻，放入烤箱中烤30分钟。

③取出，切成合适大小，排于盘中即可。

🍴 蝴蝶酥

● 原料 面粉100克，蜂蜜25克，奶油20克，蛋黄液30克，白糖15克，豆沙馅50克

● 做法

①用水将糖化开，加奶油和面粉进行揉搅。

②将面团摘剂擀成皮，包上豆沙馅，封严系口成薄圆饼，然后用刀切成四条，摆成蝴蝶状，把四条面相互粘牢，呈皮馅分明的蝴蝶状。

③在面团上淋上些蜂蜜，刷上蛋黄液，入烤箱烤熟即可。

🍴 肉松酥

● 原料 面粉150克，奶油、奶黄各40克，鸡蛋液50克，肉松60克，蜂蜜10克，白糖15克

● 做法

①面粉加水、奶油、鸡蛋液及糖和好。

②将面团分成大小均匀的若干等份，每份擀成薄片后对折，再擀再对折，重复几次。

③将擀好的小面团拍成薄饼，表面滴几滴蜂蜜，包入奶黄、肉松对折，捏好封口，最后放入热油中炸至金黄色，起锅沥油即可。

🍴 月亮酥

●原料 面粉、白糖、蛋液、豆沙馅、熟咸蛋黄各适量

●做法

①咸蛋黄用豆沙包好。

②面粉加水、白糖调匀，揉成面团，再下成小剂子，用擀面杖擀薄，包入豆沙咸蛋黄馅，做成球形生坯。

③将生坯刷上一层蛋液，入烤箱烤熟，取出切开即可。

🍴 一品酥

●原料 黑糯米150克，水适量，红糖10克，脆浆适量

●做法

①黑糯米淘净，打成米浆，用布袋吊着沥水。

②红糖加水拌好，加入沥好水的米浆中充分揉匀，静置半小时。

③取适量米浆拍扁，裹上脆浆，放入油锅中浸炸，至表面变脆，捞起待凉，再切成整齐的长方形条状，码好即可。

🍴 萝卜丝芝麻酥

●原料 面粉、白芝麻、黄油、水、萝卜丝、盐各适量

●做法

①萝卜丝用盐水腌渍，捞起沥干。

②取一半面粉加黄油、水和成水油皮后静置，剩余面粉加黄油和成油酥。

③用水油皮包裹油酥，收口朝下，翻折再擀，重复几次。

④面团分6等份，包入萝卜丝，搓成长条，一面沾上白芝麻，放入油锅中炸至熟即可。

🍴 蛋黄甘露酥

●原料 低筋面粉200克，白糖、黄油、发酵粉各15克，鸡蛋2个，莲子120克，咸蛋黄1个，冰糖15克

●做法

①白糖、黄油先搓透，加一个鸡蛋、低筋面粉、发酵粉和匀，擀成坯皮；另一个鸡蛋搅成蛋液备用。

②莲子加水、冰糖入高压锅煮熟，捞出用勺压烂，趁热放入咸蛋黄拌匀揉成馅；用坯皮将馅包住，抹上蛋液，放入烤箱里烤熟即可。

🍴 飘香橄榄酥

●原料 橄榄、酥皮、鸡蛋液、水、白糖、三花淡奶各适量

●做法

①橄榄洗净，取肉切末；酥皮擀薄切开，用菊花模型制成挞皮待用。

②白糖加开水融化，加入三花淡奶、橄榄末搅匀，加入鸡蛋液，做成蛋挞水。

③将蛋挞水倒入挞皮中，入烤箱烤10分钟即可。

🍴 豆沙千层酥

●原料 面粉、黄油各200克，芝麻10克，蛋液少量，白糖15克，水适量，豆沙60克

●做法

①取部分黄油软化，加面粉、白糖、水揉成面团，放半小时，擀成面片。

②将剩余黄油切片，包上保鲜膜，擀成薄片，放冰箱冷藏半小时后取出，放入面片中包好，擀成长方形，再重复折叠两次，擀成圆形酥皮。

③用酥皮包入豆沙，刷蛋液，撒上洗净的芝麻，入烤箱烤熟即可。

徽式一口酥

●原料 豆皮14张，白糖15克，花生200克，芝麻150克

●做法

①将花生、芝麻洗净入锅炒香，磨成粉，放白糖、温水调和均匀成馅。

②用豆皮将馅包好，放入油锅炸至金黄、酥脆即可。

龙眼酥

●原料 面粉250克，白糖10克，猪油适量，熟面粉、芝麻酱各20克，芝麻60克，白糖5克，猪油适量

●做法

①面粉、白糖、猪油、水搅匀，揉成油皮；面粉与猪油拌匀成油酥；用油皮包入油酥，擀成牛舌状，对折后再擀成薄面皮，由外向内卷成圆筒，切成面剂。

②芝麻洗净炒熟，磨成末，与白糖、芝麻酱、熟面粉、猪油揉成馅；面剂按成有酥纹的圆皮，包馅，封口朝下，入油锅炸熟即可。

美味莲蓉酥

●原料 莲蓉50克，面粉200克，鸡蛋3个，白糖、黄油各15克

●做法

①取两个鸡蛋打散装入碗中，再将一个鸡蛋取出蛋黄待用。

②面粉加适量清水搅拌均匀，再加入莲蓉、打散的鸡蛋、白糖、黄油揉匀，并静置15分钟。

③取面团捏成圆形，在上面涂上蛋黄液，装入油纸中，再放入烤箱烤20分钟，取出即可。

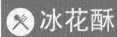

冰花酥

●原料 白奶油63克，小苏打1克，泡打粉2克，蛋清30克，低筋面粉125克，砂糖85克

1. 把白奶油、砂糖、小苏打、泡打粉拌匀。

2. 分次加入蛋清拌匀。

3. 加入低筋面粉拌匀至无粉粒。

4. 取出在案台上搓揉成光滑面团。

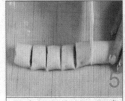

5. 搓成长条状，分切成小份。

6. 搓圆、压扁，在中间压孔。

7. 表面粘上砂糖粒，排入烤盘，静置30分钟。

8. 入烤箱烘烤约30分钟至完全熟透即可。

煎饼

●原料　面粉300克，瘦肉30克，鸡蛋2个，盐、香油、食用油各适量

●做法

①瘦肉洗净切末；鸡蛋打散。

②面粉兑适量水调匀，再加入鸡蛋液、瘦肉末、盐、香油一起拌匀成面浆。

③油锅烧热，放入面浆，煎至金黄色时，起锅切块，装入盘中即可。

 # 土豆饼

●原料　土豆40克，面粉120克，盐2克，食用油适量

●做法

①土豆去皮洗净，煮熟后捣成泥备用。

②将土豆泥、面粉加适量水拌匀，再加入盐揉成面团。

③将面团压成饼，放入油锅中煎至两面呈金黄色，起锅装盘即可。

 # 酸菜饼

●原料　面粉300克，酸菜100克，盐3克，食用油适量

●做法

①酸菜洗净切碎。

②面粉加少许盐和适量水调匀，再加入酸菜一起搅拌均匀成面浆。

③锅中注油烧热，倒入搅匀的面浆煎至饼成形，起锅切块，装盘即可。

🍴 芋头饼

● 原料 芝麻20克，饼干10片，芋头100克，糯米粉30克，糖15克，食用油适量

● 做法

① 芋头去皮洗净，切成片，入蒸笼蒸熟，趁热捣碎成泥，加入糖、糯米粉拌匀，制成芋头糊。

② 将芋头糊夹入两片饼干中，轻轻按压，再在饼干周围刷点淀粉水，粘上芝麻。

③ 油锅烧至六成热，将芋头饼放入其中，慢火炸至表面脆黄即可。

🍴 蔬菜饼

● 原料 面粉300克，鸡蛋2个，胡萝卜、香菜末、盐、香油、食用油各适量

● 做法

① 鸡蛋打散；胡萝卜洗净切丝。

② 面粉加适量水调匀，再加入蛋液、香菜末、胡萝卜丝、盐、香油调匀成面浆。

③ 锅中注油烧热，放入调匀的面浆，煎至金黄色后起锅，切块装盘，撒上香菜末即可。

🍴 双喜饼

● 原料 面粉300克，盐3克，韭菜50克，鸡蛋2个，豆沙50克，食用油适量

● 做法

① 鸡蛋打散，入锅煎成蛋饼后切碎；韭菜洗净切碎。

② 将切碎的蛋饼、韭菜加盐拌匀做馅；面粉加适量水揉匀成团。

③ 将面团分成8个剂子后擀扁，4个包入豆沙馅，另外4个包入鸡蛋馅，均做成饼，放入油锅中煎熟即可。

千层饼

●原料 面粉300克，酵母5克，豆油、碱液、食用油各适量

●做法

①面粉倒在案板上，加酵母、温水和成发酵面团，待酵面发起，加入碱液揉匀。

②面团搓成条，揪成若干面剂，擀成长方形面片，刷豆油，撒干面粉后叠起。

③把面剂包严，擀成宽椭圆形，下油锅中煎至两面金黄色，取出切菱形块，摆盘即可。

奶黄饼

●原料 面粉200克，糖、香油各10克，奶黄馅30克

●做法

①面粉加适量水搅拌成絮状，再加糖、香油揉匀成光滑的面团。

②将面团摘成小剂子，按扁，包上奶黄馅，做成饼状。

③将做好的饼放入烤箱中烤30分钟，至两面呈金黄色时即可。

手抓饼

●原料 面粉200克，鸡蛋2个，黄油20克，白糖3克，食用油适量

●做法

①面粉中加入打散的鸡蛋液、黄油、水、白糖揉制成面团后醒发。

②面团取出搓成长条，撒面粉，擀成长方形薄片，依次刷食用油、黄油，对折后再刷两次油，再次对折成长条，拉起两边扯长后从一头卷起成盘，擀制成薄厚均匀的圆饼，放入平锅中煎至两面金黄，撕开即可。

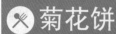

菊花饼

●原料　奶油60克，糖粉50克，液态酥油40克，低筋面粉170克，吉士粉10克，奶香粉2克，草莓果酱适量

1

把奶油、糖粉混合在一起，打至奶白色。

2

分次加入液态酥油、水，搅拌均匀至无液体状。

3

加入低筋面粉、吉士粉、奶香粉，拌透至无粉粒。

4

装入套有花嘴的裱花袋内，大小均匀地挤入烤盘。

5

在饼坯中间挤上草莓果酱作为装饰。

6

入炉，以160℃烤约25分钟，至完全熟透，出炉，冷却即可。

🍴 南瓜饼

● 原料　南瓜50克，面粉150克，蛋黄1个，糖、香油各15克

● 做法

① 南瓜去皮洗净，入蒸锅蒸熟后，取出捣烂。

② 将面粉兑适量清水搅拌成絮状，再加入南瓜、蛋黄、糖、香油揉匀成面团。

③ 将面团擀成薄饼，放入烤箱中烤25分钟，取出，切成三角形块，装盘即可。

🍴 糯米饼

● 原料　糯米粉250克，黑芝麻、白芝麻各10克，豆沙50克，糖15克，食用油适量

● 做法

① 糯米粉加适量水拌匀，再揉匀成面团。

② 将糯米面团擀薄，抹上豆沙、糖，然后对折叠起，再擀成饼状，在两面均粘上芝麻。

③ 放入油锅中煎熟，起锅切成方块，装盘即可。

金钱饼

● 原料　面粉200克，鸡蛋2个，糖、香油各15克，食用油适量

● 做法

① 鸡蛋打散。

② 面粉兑适量水搅拌成絮状，再加入鸡蛋液、糖、香油揉匀成团。

③ 将面团分成若干小剂，捏成环状的小饼，放入油锅中炸熟，起锅串起即可。

黑米冰花饼

● 原料 奶油125克，糖浆110克，全蛋液50克，低筋面粉170克，黑米粉50克，泡打粉3克，砂糖适量

1

把奶油、糖浆混合拌匀。

2

分次加入全蛋液，拌透。

3

加入低筋面粉、黑米粉、泡打粉，搅拌成面团。

4

将面团用手搓成圆球状，然后粘上砂糖制成饼坯。

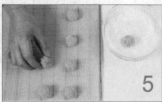

5

将饼坯放于耐高温纸上。

6

入烤箱烘烤约30分钟，至完全熟透即可。

🍴 牛肉烧饼

●原料　面粉200克，牛肉50克，盐3克，辣椒油10克

●做法

①牛肉洗净切末，加盐、辣椒油拌匀入味后待用。

②将面粉加适量水搅拌均匀揉成面团，再摘成面剂，用擀面杖擀成面饼，铺上牛肉末，对折包起来。

③在面饼表面刷一层辣椒油，下入煎锅中煎至两面金黄色即可。

🍴 绿豆煎饼

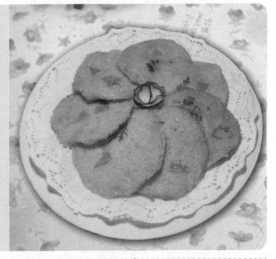

●原料　绿豆粉200克，香菜、盐各少许，红椒10克，食用油适量

●做法

①红椒洗净切片；香菜洗净。

②绿豆粉加适量水、盐搅拌成絮状，再加入盐揉匀，分成若干小剂。

③将面剂擀成薄饼，用红椒、香菜稍加点缀，放入油锅中炸至金黄即可。

🍴 家乡软饼

●原料　面粉200克，鸡蛋3个，盐2克，香油、葱各10克，食用油适量

●做法

①鸡蛋打散；葱洗净切花。

②面粉加适量水调匀，再加入鸡蛋液、盐、香油、葱花和匀。

③油锅烧热，放入面浆煎至金黄，起锅切块，装入盘中即可。

🍴 潮式炸油果

●原料 红薯120克，糯米粉200克，熟花生米碎50克，熟芝麻15克，红糖20克，食用油适量

●做法

① 花生、芝麻与红糖混合均匀，即成馅料。

② 红薯洗净，去皮切末，入笼蒸熟后，拌入糯米粉，搓匀成团，再均匀地切成小块，即成油果皮。

③ 在油果皮中包入馅料，揉成三角形，捏紧剂口，放入油锅中炸熟即可。

🍴 豆沙松仁果

●原料 红豆200克，松仁60克，白糖30克，色拉油适量

●做法

① 红豆加水入锅煮软，用纱网过滤后压碎，再放入锅中，加少许水、白糖、色拉油一起煮，并不断搅拌，冷却后即成红豆沙。

② 将红豆沙揉成圆团，在表面粘上洗净的松仁，放入油锅炸至金黄即可。

🍴 奶黄西米球

●原料 白糖25克，糯米粉200克，猪油50克，西米50克，黄油120克，鸡蛋1个，牛奶50克，吉士粉15克，白糖15克

●做法

① 糯米粉加猪油、白糖、开水揉成表面光滑的面团；黄油软化，加白糖、鸡蛋、牛奶、吉士粉拌匀，隔水蒸好成奶黄馅；西米泡发至透明状。

② 将面团搓条，摘成小剂子按扁，包入奶黄馅搓成球，均匀地粘上西米，蒸熟即可。

糖熘卷果

●原料　面粉200克，花生米30克，红枣30克，白芝麻少许，红糖20克

●做法

①红枣洗净去核后切碎；花生米洗净；白芝麻洗净，入锅中炒香，再放红糖和清水炒成糖浆。

②面粉加适量水调匀，加入花生米、红枣揉匀成团，擀平切成块，放入烤箱中烤20分钟，取出浇上炒匀的白芝麻与红糖糖浆即可。

安虾咸水角

●原料　糯米粉250克，瘦肉100克，虾米、冬菇各35克，葱35克，酱油10克，盐、食用油适量

●做法

①虾米、瘦肉、冬菇、葱洗净剁碎，放入酱油、盐调味，入油锅爆香成馅料，盛出。

②将水煮滚，放入盐搅匀，冲入糯米粉中，拌匀后趁热把糯米粉搓成团，再切成剂子，捏成团后包入馅料，捏成角状，入锅炸至表面呈金黄色时捞出即可。

巴山麻团

●原料　糯米粉200克，白糖25克，芝麻50克，巧克力屑15克，豆沙100克，白糖、食用油各适量

●做法

①糯米粉加水、白糖揉匀，摘成小剂子；将豆沙、白糖加水搅匀，即成豆沙馅料。

②将剂子搓圆，包入少许豆沙馅料，揉成球，再在洗净的芝麻中滚一下，成生麻团；油锅烧至六成热，放入生麻团，大火炸至呈金黄色后捞出，沥干油，撒上巧克力屑即可。

 # 拔丝鲜奶

●原料 面粉250克，油、牛奶、水、淀粉、巧克力屑、食用油、发酵粉各适量，白糖100克

●做法

①面粉加油、水、发酵粉拌匀，调成脆浆。

②把牛奶、白糖、淀粉加水混匀，倒入锅中翻动，制成团状，冷却后粘上脆浆，即成鲜奶团生胚。

③油锅烧热，下入鲜奶团炸至金黄色后捞出；将油加水和糖熬成金黄色，放入炸好的鲜奶块，搅匀后撒上巧克力屑即可。

 # 椰香糯米糍

●原料 糯米粉200克，椰汁50克，椰糠30克，白糖20克，花瓣少许

●做法

①糯米粉加椰汁搅拌成面团，再加入白糖揉匀。

②将糯米粉团搓圆，放入蒸锅中蒸20分钟。

③取出滚上椰糠后装盘，用花瓣点缀即可。

脆皮奶黄

●原料 面粉150克，食用油、白糖各适量，鸡蛋1个，黄油、牛奶、吉士粉各20克

●做法

①将黄油软化，加入白糖、鸡蛋、牛奶、吉士粉拌匀，隔水蒸好，做成奶黄馅。

②面粉、白糖加水调匀成面团，摘成小剂子，再将剂子揉匀，包入奶黄馅，捏紧剂口。

③锅置火上，烧至七成热，下入奶黄团，炸至金黄色后捞出，沥干油即可。

香菜饼干

●原料 奶油62克，糖粉40克，色拉油40克，低筋面粉175克，香菜碎25克，食盐1克

1

把奶油、糖粉、食盐混合，先慢后快，打至奶白色。

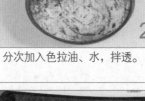
2

分次加入色拉油、水，拌透。

3

加入低筋面粉、香菜碎完全拌匀至无粉粒。

4

装入套有花嘴的裱花袋内，挤在高温布上。

5

移至钢丝网上，入烤箱，以160℃的温度烘烤约25分钟。

6

至完全熟透，出炉，冷却即可。

椰子薄饼

●原料 全蛋88克，椰蓉150克，椰子香粉0.5克，砂糖100克

把全蛋、砂糖倒在一起，中速打至砂糖完全溶化呈泡沫状。

加入椰蓉、椰子香粉搅拌均匀。

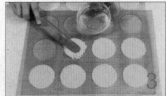
填入铺在高温布上的胶模槽中，用抹刀沾上蛋清、椰蓉抹匀。

利用抹刀在饼坯表面压出菠萝格状。

取出胶模，入炉，以150℃的炉温烘烤约20分钟。

至完全熟透，出炉，冷却即可。

腰果巧克力饼

●原料　奶油125克，糖粉67克，全蛋液67克，低筋面粉100克，可可粉8克，腰果仁适量

1 把奶油、糖粉混合，拌匀至奶白色。

2 分次加入全蛋液，拌透。

3 加入低筋面粉、可可粉，完全拌匀至无粉粒。

4 装入套有花嘴的裱花袋内，大小均匀地在烤盘内挤出形状。

5 表面放上腰果仁作装饰。

6 放入烤箱烘烤约25分钟，至完全熟透，端出冷却即可。

椰奶饼干

●原料 奶油110克，糖粉60克，椰浆30克，杏仁粉30克，低筋面粉100克，椰蓉20克

将奶油、糖粉混合拌至均匀。

分次加入椰浆拌透。

加入低筋面粉、杏仁粉、椰蓉，拌匀后制成饼干面团。

将面团装入已套花嘴的裱花袋内，在烤盘内挤出形状。

入炉以150℃烘烤约30分钟。

烤至熟透后，出炉晾凉即可。

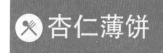
杏仁薄饼

●原料　蛋清125克，低筋面粉50克，杏仁片125克，砂糖90克，食盐1克，奶油35克

1　把蛋清、砂糖、食盐倒在一起，以中速打至砂糖完全溶化。

2　加入低筋面粉、杏仁片拌至无粉粒。

3　加入融化的奶油，完全拌匀。

4　用勺子大小均匀地舀到高温布上面。

5　入炉以140℃的炉温烘烤约20分钟。

6　至完全熟透，出炉冷却即可。

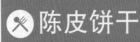

陈皮饼干

●原料 奶油100克，糖粉50克，鲜奶30克，低筋面粉150克，奶粉20克，陈皮碎20克

1 把奶油、糖粉混合打至奶白色，加鲜奶拌匀。

2 加入低筋面粉、奶粉、陈皮碎拌匀。

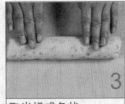

3 取出搓成条状。

4 压扁，擀成长方形的薄面片。

5 用印模压出形状。

6 排入垫有高温布的钢丝网上。

7 入炉，以150℃的炉温烘烤约20分钟。

8 烤至完全熟透，出炉，冷却即可。

乌梅饼干

●原料　奶油120克，糖粉90克，全蛋液25克，低筋面粉175克，杏仁粉35克，乌梅碎85克，盐2克

把奶油、糖粉、盐拌匀，打至奶白色。

分次加入全蛋液，拌透。

加入低筋面粉、杏仁粉、乌梅碎拌匀。

取出放在案台上，搓揉成光滑的面团。

擀成厚薄均匀的面片。

用印模压出形状。

摆在垫有高温布的钢丝网上，入烤箱烘烤约25分钟。

至完全熟透，出炉，冷却即可。

🍴 奶香饼干

●原料 奶油90克，糖粉100克，蛋清70克，低筋面粉90克，奶粉40克，奶香粉1克

把奶油、糖粉混合，先慢后快，打至奶白色。

加入蛋清、低筋面粉、奶粉、奶香粉拌透至无粉粒。

将面糊倒在已铺上胶模的高温布上。

利用抹刀填满模具，做到厚薄匀。

取走胶模，入炉以140℃的炉温烘烤约20分钟。

至完全熟透，出炉，冷却即可。

紫菜饼

●原料 奶油100克，糖粉50克，鲜奶30克，低筋面粉150克，奶粉20克，紫菜（切碎）30克，食盐2克，鸡精2克

1

把奶油、糖粉、食盐混合，拌匀。

2

分数次加入鲜奶，完全拌匀至无液体状。

3

加入低筋面粉、奶粉、紫菜碎、鸡精拌匀。

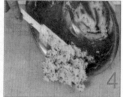
4

取出，搓成面团。

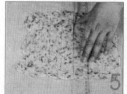
5

擀成厚薄均匀的面片，切成长方形饼坯。

6

排入垫有高温布的钢丝网上。

7

入炉，以160℃的炉温烘烤约20分钟。

8

至完全熟透即可。

🍴 巧克力夹心饼

●原料 奶油63克，糖粉50克，液态酥油45克，低筋面粉175克，可可粉15克，巧克力酱适量

将奶油、糖粉混合拌匀。

分次加入液态酥油、水，拌透。

加入低筋面粉、可可粉拌匀成面团。

将面团装入裱花袋，挤在耐高温纸上。

入炉以150℃烘烤约30分钟。

熟透后即可出炉。

饼干晾凉后，在底部挤上巧克力酱。

用另一块饼干夹起，即成巧克力夹心饼干。

淑女饼

●原料 奶油110克，糖粉120克，蛋清85克，低筋面粉200克，奶粉20克，杏仁粉40克，杏仁片45克，葡萄糖浆30克，砂糖30克

1 把奶油、糖粉混合，打至奶白色。

2 分次加入蛋清，搅拌均匀。

3 加入低筋面粉、奶粉、杏仁粉拌匀。

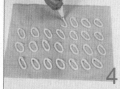
4 装入裱花袋内，挤在高温布上。

5 把清水、砂糖、葡萄糖浆倒入容器内。

6 边加热边搅拌，加入杏仁片，完全拌匀。

7 用勺子将馅料放入步骤4做好的饼坯内。

8 入烤箱烤约25分钟，至完全熟透即可。

乡村乳酪饼

●原料 低筋面粉125克，泡打粉5克，肉桂粉少许，无盐奶油10克，奶油乳酪100克，牛奶10克，蛋黄1个，盐1.5克

1 将奶油乳酪和无盐奶油拌匀。

2 再加入牛奶拌匀。

3 加入低筋面粉、泡打粉、盐和肉桂粉拌匀。

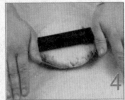

4 揉搓成面团，擀成约1厘米厚的面饼。

5 将面饼用梅花形状模具印出形状。

6 将蛋黄拌匀，加少许牛奶打发，扫在饼皮上。

7 将饼放入烤箱约烤20分钟至金黄色。

8 取出，冷却即可食用。

花生小点

●原料 蛋清100克，低筋面粉80克，花生粉30克，可可粉8克，花生碎适量，砂糖100克，色拉油20克，盐1克

1 倒入蛋清、砂糖、盐打至砂糖溶化。

2 加入低筋面粉、花生粉、可可粉拌匀。

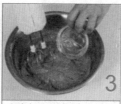

3 分次加入色拉油，完全搅拌均匀。

4 倒入垫有高温布的胶模槽内。

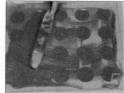

5 用抹刀填满模具，使其厚薄均匀。

6 取走胶模，在表面均匀地撒上花生碎。

7 双手提起高温布，把多余的花生碎倒掉。

8 入烤箱烘烤约20分钟，至完全熟透即可。

🍴 香杏小点

●原料　奶油80克，糖粉75克，全蛋液38克，低筋面粉145克，可可粉18克，杏仁片75克

1

把奶油、糖粉倒在一起，先慢后快，打至奶白色。

2

分次加入全蛋液拌匀。

3

加入低筋面粉、可可粉，拌至无粉粒。

4

加入杏仁片，搅拌均匀。

5

用汤勺挖成大小均匀的面团，放到备好的高温布上。

6

入烤箱烤约30分钟，完全熟透后出炉冷却，脱模即可。

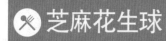

芝麻花生球

●原料　蛋清45克，花生碎65克，黑芝麻14克，椰蓉106克，砂糖50克，盐1克

1 把蛋清、砂糖、盐倒在一起，充分搅拌至砂糖完全溶化。

2 加入花生碎、椰蓉拌匀。

3 加入烤香的黑芝麻拌匀。

4 用手搓成大小均匀的圆球，排在高温布上。

5 移到钢丝网上，入炉，以130℃的炉温烘烤约20分钟。

6 完全熟透后出炉即可。

金手指

●原料　奶油170克，糖粉110克，全蛋液65克，低筋面粉170克，高筋面粉70克，吉士粉15克，盐3克

1 把奶油、糖粉、盐倒在一起，先慢后快，打至奶白色。

2 分次加入全蛋液拌匀成无液体状。

3 加入低筋面粉、高筋面粉、吉士粉，拌至无粉粒。

4 装入已装了圆嘴的裱花袋内，挤入烤盘。

5 入炉以150℃的炉温烘烤约25分钟。

6 完全熟透后出炉，冷却，脱模即可。

🍴 大米抹茶曲奇

●原料　大米粉120克，抹茶粉4克，黄油60克，糖粉55克，蛋黄15克，红豆30克

●做法

① 用电动搅拌器将黄油打散，加入糖粉，打发均匀，加入蛋黄，打发均匀，加入大米粉和抹茶粉，拌匀。

② 放入红豆，用手和匀，让红豆和面糊能很好地黏在一起，制成面团；把面团装到有拉链的袋子里，用小酥棍擀平，放入冰箱冷藏1小时左右。

③ 从袋子里取出冷藏过的面皮，放在保鲜膜上，切成方形小块，即成饼干生坯。

④ 把饼干生坯密密地铺在烤盘上，放入预热到170℃的烤箱中，烤15～18分钟即可。

🍴 罗蜜雅饼干

●原料　黄油80克，糖粉50克，蛋黄15克，低筋面粉135克，糖浆30毫升，黄油15克，杏仁片适量

●做法

① 将黄油、糖粉倒入容器中，用电动搅拌器打发均匀。

② 加入蛋黄、低筋面粉继续打发均匀，制成面糊；把菊花嘴放入裱花袋，用硅胶刮板将面糊装入裱花袋中。

③ 将黄油、杏仁片、糖浆倒入另一个容器中，拌匀成浆液，再装入裱花袋。

④ 将面糊挤在烤盘的高温布上，用三角铁板按压，再将浆液挤在中间。

⑤ 将烤盘放入烤箱，温度调上火180℃，下火150℃，烤15分钟即可。

🍴 曲奇饼

●原料 奶油100克，色拉油100毫升，糖粉125克，牛奶香粉7克，鸡蛋1个，低筋面粉300克，巧克力液50克

●做法

①将奶油、糖粉、适量的色拉油倒入碗中，用电动搅拌器打发均匀。

②倒入剩余色拉油，打发呈白色，加入鸡蛋，打发均匀。

③用筛网将低筋面粉、牛奶香粉过筛至碗中，注水打发成面糊。

④将花嘴装入裱花袋，再倒入面糊；将锡纸铺在烤盘上，再把面糊在锡纸上挤成各种花式。

⑤将烤盘放入烤箱，以上火180℃、下火150℃，烤15分钟，取出放凉。

⑥把巧克力液浇到饼干上，稍干后装盘即可。

🍴 奶酥饼

●原料 黄油120克，盐3克，蛋黄40克，低筋面粉180克，糖粉60克

●做法

①将黄油、盐、糖粉倒入容器中，用电动搅拌器打发均匀。

②将蛋黄分两次加入容器中，并且每次加入后，均快速打发均匀。

③将低筋面粉过筛至容器中，用硅胶刮板搅拌均匀成面糊。

④把花嘴装入裱花袋中，再倒入面糊；把高温布铺在烤盘上，并将面糊挤在高温布上，制成奶酥饼生坯。

⑤将烤盘放入烤箱，温度为上火180℃、下火190℃，烤15分钟。

⑥烤熟后，从烤箱中取出烤好的奶酥饼，装入盘中即可。

🍴 星星小西饼

●原料　黄油70克，糖粉50克，蛋黄15克，低筋面粉110克，可可粉适量

●做法

①将黄油、糖粉倒入容器中，用电动搅拌器快速打发均匀。

②加入蛋黄，快速打发均匀。

③再加入低筋面粉，继续用电动搅拌器快速打发均匀。

④最后加入可可粉，快速打发，制成面糊。

⑤将花嘴装入裱花袋中，然后倒入面糊，慢慢地挤在垫有高温布的烤盘中，再把烤盘放入烤箱，将温度调成上下火180℃，烤约20分钟至饼干呈金黄色。

⑥从烤箱中取出烤盘，将星星小西饼装入盘中即可。

🍴 奶油曲奇

●原料　低筋面粉200克，糖粉90克，鸡蛋1个，黄油135克，植物鲜奶油适量

●做法

①将黄油加糖粉后倒入容器中，用电动搅拌器打至顺滑。

②鸡蛋打散，分几次加入混好的黄油内，且每一次都要打到二者完全融合，黄油发白。

③将低筋面粉过筛至容器中，续打发至面粉全部湿润，制成面糊。

④用长柄刮板把面糊装入裱花袋中，在烤盘上铺一层烘焙纸，挤上面糊呈空心圆状，再入烤箱，把温度调成上下火200℃，烤10分钟至饼干上色。

⑤取出后，在一块烤好的饼干上抹上植物鲜奶油，盖上另一块饼干压紧即可。

槽子松饼

●原料 蛋白60克，细砂糖40克，低筋面粉22克，玉米淀粉3克，杏仁粉30克，黄油40克，蓝莓、红莓适量，开心果少许

●做法

①把黄油放到锅里，煮成褐色为止。

②把蛋白装到搅拌碗中，用电动搅拌器充分打散，加入细砂糖，搅拌均匀。

③用筛网把低筋面粉、玉米淀粉、杏仁粉过筛至碗中搅拌。

④再倒入煮好的黄油，拌匀成团，在碗上套好保鲜膜，把面团放入冷藏室冰30分钟，取出倒入准备好的模具内，再放上蓝莓、红莓、开心果，放入预热到190℃的烤箱中，烘烤片刻即可。

枫糖鲜奶松饼

●原料 鲜奶150毫升，低筋面粉150克，鸡蛋2个，泡打粉、黄油、水果丁、盐、细砂糖、枫糖浆各适量

●做法

①用筛网将低筋面粉、泡打粉过筛至容器中；黄油加热，使之溶化。

②鸡蛋用搅拌器打散，与鲜奶拌匀，再加入混好的面粉和泡打粉、细砂糖、盐、溶化的黄油，拌匀成面糊，然后静置片刻，让面糊松弛30分钟。

③预热华夫炉，并在其表面上刷一层黄油，再倒入面糊约八分满，盖上盖子，烤至边缘冒出蒸气，指示灯熄灭，取出后剪开摆盘，趁热淋上枫糖浆，排上水果丁作装饰即可。

🍴 果酱松饼

●原料 鸡蛋2个，低筋面粉150克，泡打
粉、奶油丁、菠萝丁、柠檬、牛奶、冰糖、
细砂糖、黄油各适量

●做法

①将柠檬洗净去皮，果肉压汁，果皮切末
备用。

②柠檬皮末与菠萝丁一同入锅，加入冰糖，煮
1小时后，倒入1/3量的柠檬汁，拌匀，制成菠
萝酱。

③鸡蛋用搅拌器打散，加入牛奶、低筋面粉、
泡打粉、细砂糖，拌匀，再加入软化的奶油
丁，拌匀，制成面糊，静置30分钟。

④预热华夫炉，并在其表面上刷一层黄油，再
倒入面糊约八分满，盖上盖子，烤至面糊呈金
黄色，取出后剪开摆盘，用抹刀抹上菠萝酱
即可。

🍴 格子松饼

●原料 牛奶200毫升，细砂糖75克，低筋面
粉180克，泡打粉5克，蛋白105克，蛋黄45
克，溶化的黄油30克，糖粉、黄油各适量

●做法

①依次将蛋黄、低筋面粉、泡打粉、细砂糖、
牛奶、溶化的黄油倒入容器中，用搅拌器快速
拌匀，制成蛋黄部分。

②将蛋白用电动搅拌器打发均匀后，倒入蛋
黄部分中，用长柄刮板拌匀，制成面糊。

③把面糊放入冰箱冷藏30分钟后取出。

④将面糊倒入涂有黄油，且预热到170℃的
华夫炉中，烤1分钟至熟透。

⑤取出烤好的松饼后，切成四等份，撒上适
量的糖粉即可。

可可松饼

●原料 牛奶200毫升，细砂糖75克，低筋面粉180克，泡打粉5克，蛋白105克，蛋黄45克，溶化的黄油30克，糖粉、可可粉各适量

●做法

①依次将蛋黄、低筋面粉、泡打粉、细砂糖、牛奶、溶化的黄油倒入容器中，用搅拌器快速拌匀，制成蛋黄部分。

②将蛋白用电动搅拌器打发均匀，与可可粉一起倒入蛋黄部分中，用长柄刮板拌匀，制成面糊，然后将面糊放入冰箱冷藏30分钟后取出。

③将面糊倒入涂上黄油，且预热到170℃的华夫炉中，烤1分钟至熟透。

④取出烤好的松饼后，切成四等份，撒上适量糖粉即可。

香芋松饼

●原料 牛奶200毫升，低筋面粉180克，蛋白105克，蛋黄45克，溶化的黄油30克，细砂糖75克，泡打粉5克，盐2克，蜂蜜、香芋色香油各适量

●做法

①依次将细砂糖、牛奶、低筋面粉、蛋黄、泡打粉、盐、溶化的黄油倒入容器中，用搅拌器拌匀，制成蛋黄部分。

②将蛋白用电动搅拌器打发均匀，与香芋色香油一起倒入蛋黄部分中，用长柄刮板拌匀成面糊。

③将面糊倒入涂有黄油，且预热到200℃的华夫炉中，烤2分钟至熟。

④取出烤好的松饼，剪开装盘，淋入适量的蜂蜜即可。

小松饼

● 原料　牛奶200毫升，溶化的黄油30克，细砂糖75克，低筋面粉180克，泡打粉5克，盐2克，蛋白105克，蛋黄45克

● 做法

① 依次将细砂糖、牛奶、低筋面粉倒入容器中，用搅拌器拌匀。

② 倒入蛋黄、泡打粉、盐、黄油，拌至呈糊状，制成蛋黄部分。

③ 蛋白用电动搅拌器打发均匀后，倒入蛋黄部分，拌匀，制成面糊。

④ 将华夫炉温度调成200℃，预热，用刷子在其表面刷层黄油。

⑤ 将面糊倒入炉具中，至其起泡。

⑥ 盖上盖子，烤1分钟至熟，取出烤好的小松饼，装入盘中即可。

 # 大豆糯米松饼

● 原料　糯米粉110克，炒好的大豆粉20克，细砂糖40克，牛奶100毫升，葡萄籽油20毫升，鸡蛋1个，蛋黄15克，泡打粉3克，煮好的红豆适量

● 做法

① 把鸡蛋和蛋黄打入容器中，用搅拌器打散后，加入细砂糖，搅拌至细砂糖溶化。

② 再加入牛奶，搅拌均匀。

③ 依次用筛网将糯米粉、泡打粉和炒好的大豆粉过筛至容器中，继续搅拌均匀。

④ 倒入葡萄籽油，搅拌均匀，制成面糊。

⑤ 取松饼杯，倒入面糊至八九分满，再适量地撒些煮好的红豆，放入烤盘，然后把烤盘放入预热好的烤箱内，以180℃的炉温烤25～30分钟，取出烤好的松饼即可。

 # 椰子汁松饼

●原料 黄油50克，鸡蛋1个，低筋面粉120克，椰子汁60克，细砂糖45克，盐少许，泡打粉13克，椰子仁20克

●做法

①将黄油倒入容器中，用搅拌器打散，加入细砂糖，搅匀。

②把鸡蛋打散，再一点点地加进拌好的黄油中，拌匀。

③将低筋面粉、泡打粉和盐过筛至容器中，用饭勺像切东西似的把容器内的材料拌匀。

④在拌得差不多的时候，放入椰子仁，拌匀。

⑤再加入椰子汁，继续拌匀成面糊。

⑥在枫叶形烤模里刷一层黄油，然后倒入面糊至八九分满，放入烤盘，再放入预热好的烤箱，以180℃的炉温烤25~30分钟即可。

 # 糯米果仁小甜饼

●原料 糯米粉90克，可可粉10克，泡打粉3克，细砂糖25克，黑巧克力50克，牛奶90毫升，鸡蛋1个，蛋黄15克，葡萄籽油、核桃、南瓜子、腰果各适量

●做法

①用筛网将糯米粉、可可粉、细砂糖、泡打粉过筛至容器中，用搅拌器拌匀。

②把蛋黄、鸡蛋、牛奶混合搅拌后，加到步骤1的材料中，拌匀，制成面糊；把溶化好的黑巧克力加入葡萄籽油，搅拌之后，倒入面糊中，搅拌均匀。

③把拌好的面糊倒入小烤模内，再撒上核桃、南瓜子、腰果，放入预热好的烤箱中，以170℃的炉温烤约30分钟，取出烤好的饼干即可。

奶油松饼

●原料　牛奶200毫升，低筋面粉180克，蛋白105克，蛋黄45克，溶化的黄油30克，细砂糖75克，泡打粉5克，盐2克，黄油适量，打发鲜奶油10克

●做法

①依次将细砂糖、牛奶、低筋面粉、蛋黄、泡打粉、盐、溶化的黄油倒入容器中，用搅拌器拌匀，制成面糊。

②用电动搅拌器将蛋白打发均匀后，倒入面糊中，拌匀。

③华夫炉预热，并用刷子在其表面刷一层黄油，倒入拌好的面糊，以200℃烤2分钟至熟。

④取出烤好的松饼，用蛋糕刀将其切成四等份。

⑤在一块松饼上抹打发鲜奶油，再叠上另一块松饼，然后从中间切开呈扇形即可。

花生腰果松饼

●原料　黄油30克，花生酱50克，低筋面粉110克，黄糖40克，泡打粉4克，盐少许，鸡蛋1个，牛奶55毫升，腰果、花生各30克

●做法

①把黄油和花生酱倒到搅拌碗里，用搅拌器打匀，加入黄糖，搅拌均匀。

②加入打好的鸡蛋，搅拌均匀，用筛网将低筋面粉过筛至搅拌碗里，加入泡打粉和盐，用长柄刮板搅拌均匀。

③拌得差不多的时候，加入牛奶，搅拌均匀，倒入切碎的花生，用长柄刮板继续搅拌均匀，制成面团。

④在烤模内，先放入烘焙纸，再倒入面团，至七分满，在面团上撒上1～2颗腰果，放入预热到180℃的烤箱里，烤25～30分钟，从烤箱中取出烤好的松饼，装入盘中即可。

 # 巧克力华夫饼

●原料 牛奶200毫升，溶化的黄油30克，细砂糖75克，低筋面粉180克，泡打粉5克，盐2克，蛋白、蛋黄各75克，黄油适量，黑巧克力液30克，草莓3颗，蓝莓少许

●做法

①依次将细砂糖、牛奶、低筋面粉、蛋黄、泡打粉、盐、溶化的黄油倒入容器中，用搅拌器搅成糊状。

②用电动搅拌器将蛋白打发，倒入面糊中，打发均匀。

③华夫炉温度调成200℃，预热，用刷子涂上黄油，倒入面糊，烤1分钟。

④把烤好的华夫饼切四份装盘，放上蓝莓和草莓。

⑤将黑巧克力液装入裱花袋，用剪刀剪开小口，挤在华夫饼上即可。

 # 华夫饼

●原料 低筋面粉200克，鸡蛋3个，牛奶250毫升，草莓块25克，细砂糖40克，草莓酱15克，盐2克，溶化的黄油、酵母粉各适量

●做法

①将鸡蛋用搅拌器打散成蛋液；牛奶中加入酵母粉，拌匀。

②用筛网将低筋面粉过筛至容器中，加入细砂糖、盐、蛋液、拌好的牛奶、黄油，搅拌均匀，制成面糊，盖上保鲜膜，饧发30分钟。

③将华夫炉预热，用筛子在其表面上刷一层黄油，用勺子舀入面糊。

④盖上盖子，以200℃的炉温烤2分钟至金黄色。

⑤待蒸汽变小后脱模，并装入盘中，放入草莓块，淋入草莓酱即可。

酥饼

●原料　高筋面粉100克，低筋面粉100克，黄油110克，细砂糖适量

●做法

①用筛网将高筋面粉和低筋面粉过筛至搅拌碗里，放入切好的黄油，用刮板一边把黄油切开，一边与面粉拌匀。

②在中间位置留出坑，放入盐，加水拌匀后和成团，冷藏1小时左右。

③取出后撒上面粉，擀长后将其两端的1/3处折叠起来，再冷藏30分钟。重复两次后把面团拿出，底部撒细砂糖后擀开，制成面皮。

④面皮用模具印下，擀开后再撒糖，放到预热至190℃的烤箱里烘烤15分钟。

手指酥饼

●原料　鸡蛋2个，细砂糖65克，低筋面粉80克，香草粉5克，盐适量

●做法

①把低筋面粉和香草粉混合均匀，用筛网将其过筛两次。

②将鸡蛋分离出蛋白与蛋黄；取20克细砂糖与蛋黄混合，用搅拌器搅拌至细砂糖溶化，制成蛋黄液。

③取45克细砂糖与蛋白混合，用电动搅拌器打发均匀，加入备好的蛋黄液、盐，再加入已过筛两次的粉末，轻轻搅拌均匀，制成面糊。

④将面糊装入裱花袋中，在尖端部位剪一个小口，然后在烤盘上挤成条状，再放入已预热好的烤箱内，以180℃烤约20分钟至表面呈金黄色，取出装盘即可。

🍴 葡萄酥饼

●原料 低筋面粉、奶油各100克，葡萄干5克，糖粉35克，蛋黄15克，胚芽粉4克

●做法

①将葡萄干放入冷开水中，泡软后，切末；奶油放在室温中，使其慢慢变软，再分次加入糖粉，并用电动搅拌器打发呈乳白状。

②用搅拌器将蛋黄打散，分两次倒入打发好的奶油中，拌匀。

③用筛网将低筋面粉过筛至奶油和蛋黄的混合物中，拌匀，再放入葡萄干、胚芽粉，拌匀成面团。

④将面团切成大小适合的小面团，用手按扁，然后放在铺有烤焙纸的烤盘上，再放入已预热好的烤箱中，以180℃烤30分钟即可。

🍴 巧克力杏仁酥饼

●原料 黄油200克，杏仁片40克，低筋面粉275克，可可粉25克，鸡蛋1个，蛋黄30克，糖粉150克

●做法

①将可可粉倒入装有低筋面粉的容器中，混合均匀，再倒在操作台上，用刮板开窝，往窝中倒入黄油、糖粉，并用刮板将黄油切成块。

②将鸡蛋与蛋黄倒在黄油上，把四周的粉末往中间覆盖。

③边覆盖边按压成形，再分两次加入杏仁片，揉匀成面团，盖上保鲜膜。

④将面团放入冰箱，冷藏30分钟后取出。

⑤将面团用刀切成片，放入烤盘，再放入已预热好的烤箱内。

⑥把温度调成上火170℃、下火130℃，烤15分钟至熟，取出烤好的饼干，装盘即可。

巧克力酥饼

●原料　黄油90克，细砂糖60克，鸡蛋1个，蛋黄液30克，低筋面粉150克，泡打粉2克，食粉2克，巧克力豆50克，杏仁片适量

●做法

①将食粉、泡打粉倒入装有低筋面粉的容器中，混合均匀，再把混合好的面粉倒在操作台上，用刮板开窝。

②往窝中倒入细砂糖、鸡蛋，搅拌均匀。

③将黄油倒在窝中，盖上四周混合均匀的面粉，并用手按压成形，制成面团。

④把巧克力豆分三次放到面团上，继续按压，然后用手取适量的小面团放入烤盘，用刷子把蛋黄液刷在面团上，放入杏仁片，再放入已预热好的烤箱内，以180℃烤15分钟即可。

 # 布列塔尼酥饼

●原料　糖粉35克，玉米淀粉20克，高筋面粉5克，黄油100克，蛋黄液15克

●做法

①依次将高筋面粉、玉米淀粉倒在操作台上，混合均匀后，用刮板开窝。

②往窝中倒入糖粉、黄油，然后盖上四周的面粉。

③边用刮板将周边的粉末往窝中收拢，边用手按压，揉匀成形，制成面团。

④将面团分成大小均等的8份，并依次搓圆，再轻轻地压平，制成布列塔尼酥饼生坯。

⑤将布列塔尼酥饼生坯放入烤盘，用刷子刷上适量的蛋黄液，并放入烤箱内。

⑥把烤箱温度调为上下火170℃，烤15分钟至熟，然后取出烤好的酥饼，并装入盘中即可。

🍴 白兰酥饼

●原料 低筋面粉160克，黄油70克，糖粉50克，蛋白25克，牛奶香粉5克，芒果果肉馅适量

●做法

①依次将低筋面粉、牛奶香粉倒在操作台上，用刮板开窝，往窝中倒入糖粉、蛋白，拌匀。

②将黄油倒入窝中，盖上四周的粉末，边将周边的粉末盖上，边用手按压并揉匀，制成面团。

③然后用手将面团分成大小均等的9个小面团，揉圆，再放入烤盘。

④用手指依次在小面团中间按压，成一个小孔，然后在孔中放入芒果果肉馅。

⑤将烤盘放入烤箱，温度调成上下火170℃，烤20分钟至熟。

⑥从烤箱中取出烤盘，把烤好的白兰酥饼装入盘中即可。

🍴 全麦核桃酥饼

●原料 全麦粉125克，糖粉75克，鸡蛋1个，核桃碎适量，黄油100克，泡打粉5克

●做法

①将全麦粉倒在操作台上，用刮板开窝。

②往窝中倒入糖粉、鸡蛋，搅拌均匀。

③然后加入黄油、泡打粉、核桃碎，再盖上周边的全麦粉，搅拌均匀，并揉搓成面团。

④用刮板将面团切成几个小剂子，揉搓成圆形，制成全麦核桃酥饼生坯。

⑤把全麦核桃酥饼生坯放入烤盘中，再将烤盘放入烤箱中。

⑥将烤箱温度调成上火160℃、下火180℃，烤约15分钟至熟，从烤箱中取出烤盘，把烤好的全麦核桃酥饼装入盘中即可。

红糖桃酥

●原料 细砂糖50克，红糖粉25克，盐1克，猪油80克，蛋黄15克，低筋面粉150克，食粉2克，泡打粉1克，核桃碎40克

●做法

① 将低筋面粉倒在操作台上，用刮板开窝，然后往窝中加入细砂糖、蛋黄，搅拌均匀。

② 再加入泡打粉、食粉、盐、红糖粉。

③ 边覆盖四周的粉末边用手按压，再加入猪油，揉匀。

④ 放入核桃碎，揉匀成形，然后取适量大小的面团，搓圆，放入烤盘，用手指在面团中间按压成形。

⑤ 将烤盘放入烤箱，温度调成上火180℃、下火160℃，烤15分钟至熟。

⑥ 从烤箱中取出烤盘，把烤好的酥饼装盘即可。

香辣条

●原料 中筋面粉200克，黄油100克，辣椒粉少许，泡打粉4克，鸡蛋1个，蛋黄20克，细砂糖55克

●做法

① 将辣椒粉、泡打粉混合均匀后，倒在操作台上，用刮板开窝。

② 往窝中倒入细砂糖、鸡蛋、黄油、中筋面粉，拌匀，并揉搓成团。

③ 用小酥棍将面团压成片状，再用刀切成竖条状，制成香辣条生坯。

④ 将香辣条生坯放入烤盘，用刷子把蛋黄搅散成蛋液。

⑤ 在香辣条生坯上均匀地刷上蛋黄液，然后把烤盘放入烤箱中，以上下火160℃烤10分钟至熟。

⑥ 从烤箱中取出烤盘，将烤好的香辣条装入盘中即可。

🍴 巧克力手指酥饼

●原料 低筋面粉95克，细砂糖60克，蛋白105克，蛋黄45克，白巧克力液、黑巧克力液各适量

●做法

①用电动搅拌器将蛋白、一半细砂糖打发成蛋白部分，将蛋黄和剩余细砂糖打发成蛋黄部分。

②将低筋面粉过筛至蛋白部分中拌匀，分两次倒进蛋黄部分中拌成面糊，用长柄刮板把面糊装入裱花袋，剪开小口。

③在铺有高温布的烤盘上呈长条状挤入面糊。

④放入温度调成上下火160℃的烤箱中，烤10分钟。

⑤取出后先蘸上黑巧克力液，然后把白巧克力液装入裱花袋，挤在饼干上，用竹签在巧克力液上画花纹即可。

🍴 格格花心酥饼

●原料 黄油100克，糖粉50克，鸡蛋1个，奶粉15克，低筋面粉175克，蛋黄适量

●做法

①将低筋面粉倒在操作台上，用刮板开窝，倒入糖粉抹平，加入鸡蛋液、黄油。

②边用刮板将面粉盖上，边用手按压揉匀，加入奶粉，继续按压揉匀成面团。

③将面团搓成长条，再分若干个小剂子，揉圆压平成酥饼生坯。

④将酥饼生坯放入垫有高温布的烤盘中；蛋黄用刷子拌匀，刷在酥饼生坯上，用竹签在其表面画"井"字形花纹。

⑤将烤盘放入烤箱，温度调成上下火170℃，烤15分钟，把烤好的格格花心酥饼装盘即可。

贝果干酪酥饼

●原料 黄油160克，食粉2克，吉士粉20克，鸡蛋1个，牛奶20毫升，花生碎35克，糖粉165克，低筋面粉320克，蛋黄15克

●做法

①将低筋面粉倒在操作台上，用刮板开窝，往窝中倒入糖粉，把吉士粉倒在窝边的低筋面粉上。

②将鸡蛋、牛奶、食粉、黄油倒在糖粉上，拌匀。

③边将面粉往中间覆盖，边用手按压、揉匀，分三次加入花生碎，揉成团。

④取一块面团，分成6份，揉圆、压平，放入烤盘，用刷子把蛋黄拌匀成蛋液，刷在面团上。

⑤用竹签在其表面上画"十"字花纹，再刷一层蛋黄液，入烤箱，温度调成上下火170℃，烤15分钟即可。

黄金烧

●原料 黄油140克，糖粉100克，蛋黄15克，低筋面粉240克

●做法

①将低筋面粉倒在操作台上，用刮板开窝，往窝中倒入糖粉、蛋黄、黄油，拌匀。

②边用刮板将面粉往中间覆盖，边用手按压、揉匀，制成面团；将面团分成两半，取其中一个搓成长条形状。

③用刮板将长条面团分成若干个小剂子，揉圆，制成生坯；将生坯放入垫有高温布的烤盘中，用三个手指将其捏成形。

④将烤盘放入烤箱，温度调成上火180℃，下火160℃，烤15~20分钟至熟。

⑤从烤箱中取出烤盘，把烤好的黄金烧装入盘中即可。

🍴 圣诞姜饼人

●原料 低筋面粉250克，软化的黄油50克，水30毫升，红糖粉25克，糖粉120克，蜂蜜35克，蛋黄25克，姜粉5克，蛋白10克

●做法

①将软化的黄油、50克糖粉、红糖粉、蜂蜜、姜粉装入容器中用电动搅拌器打发均匀。

②加入低筋面粉，打发均匀，倒在操作台上，揉成团。

③用小酥棍将面团擀成面皮，放上人形模具，按压，制成饼干生坯，放入烤盘。

④蛋黄打散加水混匀，刷在饼干生坯上，入烤箱以170℃烤10分钟取出。

⑤将蛋白和70克糖粉混合打发均匀，成蛋白砂糖霜，装入裱花袋，用剪刀剪一个小口，在烤好的饼干上挤上图案即可。

🍴 圣诞树饼干

●原料 低筋面粉120克，泡打粉4克，黄油40克，红糖、蜂蜜、蛋黄各15克，糖粉130克，蛋白20克，绿色食用色素、红色食用色素、糖珠各适量

●做法

①将黄油、蛋黄、蜂蜜、低筋面粉、泡打粉装入一个容器中用电动搅拌器打发成面糊。

②红糖加温水拌匀，倒入面糊中，揉成团。

③用小酥棍将面团擀成面皮，放上饼模，按压，制成饼干生坯，放入烤盘。

④再入烤箱，以170℃烤15分钟。

⑤将蛋白、糖粉混合拌成霜糖，分两部分，分别加入红、绿色素拌匀，并分别装入裱花袋，用剪刀剪出小口；将绿色霜糖填充整个饼干，用红色霜糖在上面画花纹，撒上糖珠即可。

果糖饼干

● 原料 黄油100克，糖粉60克，鸡蛋1个，低筋面粉150克，奶粉20克，香粉3克，果糖、糖粉各适量

● 做法

① 将黄油和糖粉倒入容器中，用电动搅拌器快速打发均匀。

② 加入鸡蛋，继续打发均匀。

③ 用筛网将低筋面粉、奶粉、香粉过筛到容器中，拌匀，然后倒在操作台上，揉搓成面团。

④ 用小酥棍将面团擀成0.7厘米厚的面片，然后用饼模在面片上按压出形状，再放上果糖，放入烤盘。

⑤ 将烤盘放入烤箱，调上火180℃、下火160℃，烤15分钟至熟。

⑥ 将烤盘取出，过筛适量的糖粉装饰即可。

花式饼干

● 原料 低筋面粉110克，黄油50克，蛋白液25克，糖粉40克，盐2克，细砂糖、食用色素、蛋黄液各适量

● 做法

① 黄油倒入容器中，加入糖粉、盐，用电动搅拌器打发均匀，至顺滑。

② 分三次加入蛋白液，打发均匀。

③ 用筛网将低筋面粉过筛至容器中，继续打发，制成面糊；用长柄刮板将面糊刮到操作台上，揉成团。

④ 用小酥棍把面团擀成薄片，放上圆形模具，按压出饼干生坯。

⑤ 在饼干生坯上刷蛋黄液，粘上细砂糖与食用色素，放入烤盘。

⑥ 将烤盘放入预热好的烤箱，温度调成上下火175℃烤10分钟即可。

蓝莓果酱小饼干

●原料 低筋面粉125克，蛋白30克，杏仁粉20克，软化的黄油45克，泡打粉3克，食盐少许，糖粉5克，蓝莓果酱适量

●做法
①将软化的黄油、糖粉、蛋白、低筋面粉、食盐、泡打粉、杏仁粉装入一个容器中，用电动搅拌器打发均匀，再倒入操作台上，揉成团。
②把面团放入冰箱冷藏1小时后取出，用小酥棍擀成片，放上圆形波浪纹模具，按压出形状。
③取一半按压出形状的面片，再用心形模具按压出心形。
④在这两种面片中间放上蓝莓果酱后压紧，放入烤盘。
⑤再入烤箱，以180℃烤8分钟取出撒糖粉即可。

奶酪饼干

●原料 低筋面粉135克，鸡蛋1个，奶酪90克，软化的黄油70克，糖粉20克，百里香适量

●做法
①将软化的黄油倒入容器中，加入糖粉，用电动搅拌器快速打到发白。
②加入鸡蛋，继续打至八分发。
③用筛网将低筋面粉过筛至容器中，打发均匀。
④加入奶酪、百里香，打发均匀，制成面糊；用长柄刮板将面糊刮到操作台上，揉成团。
⑤用小酥棍将面团擀成片状，放上心形模具，按压出心形，制成饼干生坯，并放入烤盘。
⑥再入烤箱，温度调成上下火180℃，烤10分钟，取出放凉即可食用。

心形果酱饼干

●原料 红梅果酱10克，糖粉75克，低筋面粉225克，黄油150克，细砂糖100克，鸡蛋1个，巧克力5克

●做法

①将黄油、糖粉、细砂糖、鸡蛋、低筋面粉装入容器中，用电动搅拌器打发均匀，再倒入操作台，揉成团，再搓成条，并用刮板切开。

②取一半面团加入巧克力和匀，用小酥棍擀薄，另一半面团也擀薄。

③用大的桃心模具在面皮上按压成心形；加入巧克力的面皮也同样按压成心形，再用小的模具从中间按压成小桃心；然后将两块面皮叠放一起，放入烤盘。

④再入烤箱，以170℃烤10分钟取出，在桃心中间挤上红梅果酱即可。

心心相印饼干

●原料 低筋面粉250克，鸡蛋1个，黄油50克，细砂糖25克，蜂蜜35克，糖粉120克

●做法

①将低筋面粉倒在操作台上，用刮板开窝。

②往窝中倒入糖粉、鸡蛋、细砂糖、蜂蜜，拌匀，盖上周边的低筋面粉，按压、揉匀。

③加入黄油，按压、揉匀，制成面团，用保鲜膜包好，放入冰箱冷藏1小时。

④取出松弛好的面团，放在操作台上，用小酥棍擀成厚约0.3厘米的薄面片。

⑤用心形饼模在擀好的面片上压出饼干生坯。

⑥将生坯放在烤盘上，放入烤箱中层，以170℃烤10分钟左右即可取出。